高等学校给排水科学与工程学科专业指导委员会规划推荐教学用书

高等学校给排水科学与工程专业优秀教改论文汇编

本书编审委员会组织编写

施永生　主　编

黄廷林　张国珍　吕　鑑　副主编

中国建筑工业出版社

图书在版编目(CIP)数据

高等学校给排水科学与工程专业优秀教改论文汇编/本书编审委员会组织编写；施永生主编. —北京：中国建筑工业出版社，2017.12
高等学校给排水科学与工程学科专业指导委员会规划推荐教学用书
ISBN 978-7-112-21590-4

Ⅰ.①高… Ⅱ.①本…②施… Ⅲ.①给排水系统-文集 Ⅳ.①TU991-53

中国版本图书馆 CIP 数据核字(2017)第 295476 号

全国高等学校给排水科学与工程学科专业指导委员会自2007年开始每两年举办一次给排水科学与工程优秀教改研究论文的评选活动，对优秀者进行表彰奖励。以便推动给排水科学与工程专业的教学改革，提高教学质量。本书汇编了28篇获奖优秀给排水科学与工程教学改革研究论文，内容包括水质工程学、给水排水管网系统、建筑给水排水工程、水工程施工与项目管理等课程教改研究内容；城市水工程仪表与控制、水工艺设备基础、泵与泵站、水处理微生物学等课程教改研究内容；给排水科学与工程专业实验教学、课程设计、实验平台、实践教学基地建设等内容；本书还包括了给排水科学与工程学科专业教学计划、工程技术经济教学、强化特色方向与建立课程体系等研究内容。

本书可供高等学校给排水科学与工程、环境工程专业教师参考。

* * *

责任编辑：王美玲 吕 娜
责任校对：李美娜 姜小莲

高等学校给排水科学与工程学科专业指导委员会规划推荐教学用书
高等学校给排水科学与工程专业优秀教改论文汇编
本书编审委员会组织编写
施永生 主 编
黄廷林 张国珍 吕 鑑 副主编

*

中国建筑工业出版社出版、发行（北京海淀三里河路9号）
各地新华书店、建筑书店经销
北京科地亚盟排版公司制版
北京京华铭诚工贸有限公司印刷

*

开本：880×1230毫米 1/16 印张：6½ 字数：182千字
2018年7月第一版 2018年7月第一次印刷
定价：**18.00**元
ISBN 978-7-112-21590-4
(31241)

本书编审委员会

前　言

为了推动给排水科学与工程（给水排水工程）专业的教学改革（下称“教改”），提高教学质量，住房城乡建设部高等学校给排水科学与工程学科专业指导委员会（下称“专指委”）自2007年开始每两年举办一次给排水科学与工程优秀教学改革研究论文的评选活动，对优秀者进行表彰奖励。至2012年已评选三届，共有28篇论文入围给排水科学与工程专业优秀教改研究论文。为了更为广泛地交流各校教学改革研究成果，不断提高教学质量，专指委决定将获奖优秀教学改革研究论文汇编出版。

本书包括4个篇章内容，第1篇为专业课，包括水质工程学、给水排水管网系统、建筑给水排水工程、水工程施工与项目管理等课程教改研究内容；第2篇为专业基础课，包括城市水工程仪表与控制、水工艺设备基础、泵与泵站、水处理微生物学等课程教改研究内容；第3篇为实践教学，主要包括给排水科学与工程专业实验教学、课程设计、实验平台、实践教学基地建设等内容；第4篇为其他，主要包括给排水科学与工程学科专业教学计划、工程技术经济教学、强化特色方向与建立课程体系等研究。

本书由昆明理工大学施永生教授担任主编，西安建筑科技大学黄廷林教授、兰州交通大学张国珍教授、北京工业大学吕鑑教授担任副主编。全书由施永生统稿。

本书在编写过程中得到了论文获奖单位有关教师的支持和帮助，表示衷心的感谢。由于编著者水平所限，书中难免存在缺点和不足之处，恳请读者批评指正。

2017年7月

目　录

第1篇　专　业　课

1　“给水排水管网系统”课程教学改革研究

李树平　刘遂庆　吴一蘩

（同济大学　环境科学与工程学院，上海，200092）

【摘要】 在“给水排水管网系统”课程教学中，除了传授给水排水管网基础知识外，还应培养学生认识问题和创新的能力。按照这一认识，确立了新的“给水排水管网系统”课程体系，将教材建设、创新试验平台建设和软件教学建设有机结合，贯穿于课堂教学、创新试验、课程设计和毕业设计的教学环节当中，形成给水排水管网系统的立体知识结构支撑，目前在教学实践过程中取得了良好的效果。

【关键词】 给水排水管网系统；课程教学体系

“给水排水管网系统”是高等学校给排水科学与工程专业重要主干课程，而同济大学给排水科学与工程专业已有近60年的历史，“给水排水管网系统”课程教学凝聚着几代人教学科研成果的结晶。进入21世纪，给水排水行业蓬勃发展，给水排水管道设计、施工、维护和管理技术不断突破，急需熟悉现代给水排水管网系统技术的高级专业人才。在此机遇下，结合给排水科学与工程专业的人才培养要求，重新审视了“给水排水管网系统”课程教学体系的现状，进一步明确了建设思路，硬件和软件建设相结合，形成了目前具有创新性、全面性的课程教学体系。

1.1　课程特点及教学中存在的问题

给水排水管网系统课程的特点主要体现在以下几个方面。

（1）应用广泛。水在工农业生产、人民生活和国民经济发展中具有重要地位，只要是有人居住的地方就有用水的要求，用水量随着生活水平的提高和生产经济的发展而逐步增加；人类对于生活质量、环境保护和可持续发展的要求也提出了水资源管理、废水再利用和处理排放以及与环境生态和经济发展协调等专门的技术课题。在实际工程实践中，水的输送、分配和收集投资巨大，要求工程技术人员运用给水排水管网系统的知识进行处理。

（2）专业知识涵盖面广。给水排水管网系统课程包括了数学、物理、化学、土建施工、材料、水力机械、电气、自控、水文气象、工程经济、环境保护等多个领域的内容，对于学生知识的组织结构配置有一定的要求。

（3）工程实践性强。给水排水管网系统是与工程实践紧密结合的应用型专业课程。学生毕业后在实际工作中除了需要独当一面以外，往往还须从实际工程角度上与其他专业人员配合，需要具有较强的独立工作和协调工作能力。

（4）专业知识边界面活跃。由于“给水排水管网”系统课程牵涉的科学技术领域很广，各个科技领域内的发展或多或少会对专业的发展形成影响。这种情况是该课程的专业知识更新快、相关技术发展迅速的一个原因。另外，人类社会对环境质量和供给水平的要求不断提高，也是给水排水管网系统科学发展的主要动力之一。

在教学过程中，“给水排水管网系统”课程存在的主要问题表现在：

（1）给水排水管网系统原有教学体系不全面、不系统，特别是在实践教学、创新能力培养及工程意识培养等方面缺乏必要软件、硬件支撑。

（2）给水排水管网水力水质计算向大型化、

自动化发展，学生面临着掌握专业计算软件的选择，为教学提出了挑战。

(3) 学时有限，教学内容庞杂，教学过程中由于知识水平和教学进度的限制，学生自主创新难。

因此结合给排水科学与工程专业培养目标和课程教学要求，教学体系需要从教材建设、创新实践建设、教学软件建设等内容入手，贯穿于课堂教学、创新实验、课程设计和毕业设计等环节，着眼于学生厚实基础，培养其应用能力和创新意识。

1.2 具体措施

近几年，同济大学在“给水排水管网系统”课程体系建设上，采取了以下措施。

1.2.1 秉承历史传统，不断完善教材体系

50余年来，同济大学给排水科学与工程专业教师连续主编了《给水工程》和《水污染控制工程》本科专业统编教材，在《给水排水管网系统》教材编写和课程教学中，发挥着示范和引领作用。2000年，高等学校给水排水工程学科专业指导委员会提出创新教材体系，首次将给水管网和排水管网合并成一门“给水排水管网系统”专业课程，2002年出版了《给水排水管网系统》（严煦世、刘遂庆主编，中国建筑工业出版社），并被选为高等学校给排水科学与工程专业指导委员会规划推荐教材和普通高等教育“十五”国家级规划教材。本教材力求使读者学习和掌握给水管网和排水管网具有统一性的基础知识，又根据其差异性分别阐述其特别要求和计算方法。经过6年的教材应用和教学实践，形成了一门独立的新型专业课程，具有中国特色和现代化学术水平的教材和教学方法，提高了专业课程教学质量和效率，更加适应新时代的需求。2008年8月，本教材修订再版，并再次被评为高等学校给排水科学与工程专业指导委员会规划推荐教材和普通高等教育“十一五”国家级规划教材。在第一版的基础上，进一步加强给水管网和排水管网的统一关系，修改了较多章节内容，体现了给水排水管网理论和工程技术的现代化发展，增加了排水管网优化设计的基础理论和方法，并在附录中增加了比较实用的计算机程序，提高管网系统教学和学生工程实践的计算机水平，使之更适应教学改革的要求。

2009年同济大学编著出版了教学参考书《城市排水管渠系统》（李树平、刘遂庆编著，中国建筑工业出版社），包含了排水水质、施工技术、维护管理、可持续排水理念和雨水管理等内容，及时总结城市排水管渠系统理论与技术的研究发展和目前工程建设的需求，是一部系统介绍城市排水管渠系统规划、设计、施工、运行和管理方面的理论著作，是“给水排水管网系统”课程的重要参考书。

1.2.2 重视创新培养，建设课程实验平台

实践教学是培养学生认识社会，提高应用能力和操作技能的重要教学环节，更是学生进入社会的重要基础。2004年我校创建了“给水排水管道物理模拟”创新实验平台，并于2007年进行了改造，成为学生检验、运用所学基础专业知识的重要平台。除作为课堂内容，进行演示实验外，还可进行以本科生教学为主的管网水力模型参数(摩擦阻力系数)、漏损的水力学规律、管网水质变化规律、降雨模型与排水系统管网水力学等方面的专业实验研究，培养学生在给水排水管网领域进行创新研究的能力。学生在这个教学阶段中提高分析问题、解决问题的能力，进行实验室动手能力和使用现代化分析仪器的训练；课程创新实验中注重理论学习与学生动手创新实验相结合，学生在指导教师帮助下能够自己进行课题设计，确定实验方案，自己进行实验装置的加工安装，直到实验运行提交最终试验成果。创新实验，解决了传统教学模式对学生创新能力培养不足的问题，为培养创新人才发挥重要作用，取得了显著的效果。利用课程实验平台，在国内率先开设了大学生创新实验课题“给水排水管网动态模拟实验”和“同济大学管网用水量调查及节水方案”等课题。目前该实验平台已接待多批国内外同类学科院系教师的参观学习，其理论与实践相结合的模式具有推广示范性。

1.2.3 紧跟时代潮流，重视专业软件应用

给水管网教学软件应作为给水管网课程教学的辅助工具，贯穿在课堂讲授、课程设计、毕业设计等教学环节。它通过输入数据，由计算机得出计算结果，解决设计计算问题，节省了在计算

等方面重复工作所消耗的时间，从而使学生得以将主要精力集中在方案设计、方案比较和深入理解管网设计思想上。因此给水管网教学软件需要结合给水管道工程课程的教学基本要求。

2007～2009年，课程教学小组对国际教学科研中广泛使用给水管网水力与水质分析软件进行了本地化处理，以适应给水管网教学的要求。主要研究内容软件引擎、Windows界面的编译，用户手册、帮助文件的翻译。通过测试、运行，可以达到与原软件相同的功能，并使界面和表达方式更适合国内人员的应用习惯。

经过两年的跟踪观察，使用了新的教学方法以及新的教学软件后，学生减少了很多不必要的劳动，节约了大量时间，教师学生能将更多时间用在管网设计理论上和实例研究学习上，将更多精力放在方案优化和方案比选上。与往届学生比，学生能更深入地理解管网设计理论，在管网规划布置、方案比选上也做了更多的工作，提高了给水管网系统课程的教学质量。总体而言，学生在毕业设计中管网设计部分的效率更高，设计质量更好，教学效果突出。

该软件的源代码、用户手册等已发布在同济大学精品课程“给水排水管网系统”网站上，可供国内外感兴趣的人员学习和使用。

1.2.4 博采众家之长，虚心听取各方意见

在课程教学体系改革深化过程中，注重听取国内外专家、校内师生的广泛意见，研讨教学理论和方法。

根据高等学校给排水科学与工程学科专业指导委员会布置和安排，2007年8月在同济大学召开了“给水排水管网系统”课程教学研讨会。有35所高校“给水排水管网系统”课程主讲教师及相关人员参加会议。会议特别邀请哈尔滨工业大学赵洪宾教授、北京工业大学周玉文教授分别作了题为“给水排水管网本科教学与科技进步需求”和“排水管网现代技术发展和教学改革关系”的专题报告；同济大学刘遂庆教授作了题为“《给水排水管网系统》教材建设和教学实践”的主题报告；来自不同高校的教师作了大会交流报告；进行了热烈和富有成效的大会讨论。会议内容丰富、讨论热烈，收获很多。全体与会代表相互交流和学习了管网教学和教材改革的经验和体会，特别是针对新编的《给水排水管网系统》教材提出了广泛、深入和具体的意见和建议，对教材的修订和再版起到了重要的指导作用。

2009年9月为调查《给水排水管网系统》教材的使用情况，设计了针对不同高校的“关于《给水排水管网系统》教材使用情况调查”、“教材专家评议证明文件表”和“应用证明”表格，以及针对本校学生的“关于学生对《给水排水管网系统》教材使用效果调查”表格。受到了多所高校以及校内学生的积极响应，所提出的宝贵意见对教材的修订、课程教学内容的完善起到很好的促进作用。

结合“给水管网课程设计”课程，针对给水管网水力和水质模拟系统的应用情况，谈论教学软件的使用心得体会进行了调查。收集到学生回复，对教学软件在使用中的优缺点提出了许多宝贵意见，成为后续更新的基础。

1.2.5 以学生为根本，贯穿整个教学环节

（1）教室授课形式。“给水排水管网系统”课程的授课已经实现多媒体教学，有助于加大授课信息量和加深对概念的理解，便于复习和检查；教室授课的重点是基本专业知识教学，讲授中结合工程设计实例讲授，以提高学生工程设计能力。

（2）课程设计形式。基本技能的培养及应用通过课程设计完成。要求学生能够利用资料室、图书馆、互联网等教学资源进行资料检索并主动学习，按照教师要求完成设计任务。一般课程设计的成果（计算、图纸等）都要求在计算机辅助下完成。

（3）创新实验形式。创新实验的对象是一部分学有余力、对科研抱有浓厚兴趣的学生。学生在这个教学阶段中提高了分析问题、解决问题的能力，也在一定程度上进行了实验室动手和现代化分析仪器的使用训练；利用实验模型进行教学，对提高学生感性认识能力也是十分重要的。

（4）实践实习形式。学生在实际参观、工作和调查研究中取得和生产实践密切结合的信息资料，有助于学生加强理论知识和实际经验的结合，提高实际工作的能力。

（5）毕业设计/论文形式。毕业设计/论文是给水排水工程课程的综合训练总结，为社会的实践工作提供过渡性的训练。给水排水管道工程为

毕业设计/论文的重要构成部分。毕业设计/论文一般都要求学生采用互联网检索资料，用计算机进行数据分析处理、工程制图和文件编辑，在设计内容、文件的撰写规范、制图和计算机的使用等各方面都必须符合同济大学对毕业设计/论文教学环节所规定的标准要求。

1.3 结 束 语

将教材建设、创新实验平台建设和软件教学建设有机结合，贯穿于课堂教学、创新实验、课程设计和毕业设计的教学环节当中。通过以课堂学习构建理论基础，以课程设计、创新实验、实际工程项目构建实践环节，形成给水排水管网系统的立体知识结构支撑，使学生的知识不再仅停留在课堂讲授的抽象材料，而是结合科学实验和软件模拟技能，目前在教学实践过程中取得良好的效果。

实践课的教学以使学生更深入、更生动直接地理解给水排水管网系统物理结构及运行理论为目标，通过经历完整的设计过程、对物理实验模型的直接操作，可有效地巩固和加深学生对课堂理论知识的理解。新的教学方法以及新的教学软件的使用减少了学生很多不必要的劳动，为学生节约了大量时间，使教师学生能将更多时间用在管网设计理论上和实例研究学习上，将更多精力放在方案优化和方案比选上。

课程教学体系建设是一个由国内外同行和本校师生广泛参与，不断改进与完善的动态过程，需要具有开放的心态，重视各方面的意见和建议，共同推进课程教学的发展。

2 “给水排水管网系统”课程教学的若干关系

刘　满　范跃华
（华中科技大学，湖北 武汉，430074）

【摘要】 通过介绍给水排水管网课程教学内容和教学手段、课堂教学与实践教学、手工计算与微机电算、工程设计与科学研究、实学与创新的关系，使学生系统地掌握给水排水管网基本知识，提高学生认识问题、分析问题、解决问题的能力。
【关键词】 给水排水管网；教学关系；能力

“给水排水管网系统”是给排水科学与工程专业的主干专业课程之一。通过本课程学习，学生系统地掌握给水排水管网系统的设计计算理论、工程设计的方法和管网系统运行管理的基本知识。该课程的基本教学要求是：1）掌握给水排水管网系统的功能、系统结构和规划设计原理；2）掌握给水排水管网系统的水量计算和水力计算方法；3）熟悉给水排水管网优化设计理论和方法；4）了解管网系统运行管理方法、现代管理模式和信息化技术；5）初步具备进行管网系统规划和工程设计、编制工程设计文件的能力；6）了解管网系统科技发展方向，初步具备分析问题和解决问题的能力。

我校采用《给水排水管网系统》新教材已有四届。为了达到预期的教学要求和满意的教学效果，根据我们的教学实践经验，认为需要恰当地处理好本课程教学中的若干关系。

2.1 给水管网与排水管网的关系

高等学校给排水科学与工程学科专业教学指导委员会决定将原来专业课程中的室外给水管网和排水管网的教材内容统一成为一门专业课程体系，是考虑到两者具有基础理论方面的内在联系，而且在市政工程建设中是平行建设的协同关系。故合并编写教材有利于加强给水排水管网系统的整体性和科学性。

《给水排水管网系统》教材将给水管网和排水管网的统一性的基础理论（水力学和管网模型）和基本知识（管道材料与附件、管网维护与管理等）分别安排在前四章和后两章，又根据两者的差异性分述给水管网和排水管网的设计要求和计算方法，其中给水管网有四章，排水管网有两章。我们的教学实践表明，教材内容的总体设计基本上是恰当的，可以减少教学时数，适应了专业课的改革要求。

教学中新出现的一个情况是，师生都感觉新教材的给水管网部分的内容较排水管网部分多。问题在于，若不考量两者统一编排的章节，按页面数计算，给水管网部分有120页，排水管网部分有54页，给水管网部分多出“给水管网优化设计”和“给水管网运行调度与水质控制”两章。故教学日历的学时安排将是给水管网部分多、排水管网部分少，课程考试出题也是给水管网部分的题目多一点。而在以往，给水管网和排水管网作为两门课程分开教学时，师生没有这种教学内容分量上“给水重、排水轻”的感觉。常有学生问：“给水管网有优化设计问题，排水管网有没有优化设计问题?”所以，近两年我们调整了部分教学内容，与“给水管网优化设计”内容对应，补充讲授了“排水管网优化设计”内容，并将“给水管网运行调度与水质控制”一章作为学生选学内容，课堂上不讲。这样大体“平衡”了给水管网和排水管网的分量关系。因此，我们建议新教材在修订时可以补充“排水管网优化设计”一章。

2.2 教学内容和教学手段的关系

《给水排水管网系统》是一个新的教材体系，教材注重了理论的系统性，又考虑了给水管网和排水管网在设计规范和工程类型上的差异性，故内容安排有分有合，此外还采用了不少国内外管网理论的科研成果，例如非满流管道计算方法、给水排水管网模型、给水管网水力计算和优化理论等内容有较多变动、补充或改进。

新的教材体系需要改进教学的讲授手段。由于给水管网和排水管网在一门课内讲授，容易造成学生对两者之间异同点的混淆，因此讲课时需要特别注意经常地和即时地将两者进行比照分析，例如用水量和污水量、压力流和重力流、满流和非满流等，以利于学生对两者的区分和理解。在进行对比讲解时，讲授内容会在教材的不同页面有大的跳跃，因此，采用精心设计制作的多媒体课件进行教学是必不可少的，可以利用“链接”等多种功能，高效地进行对比内容的图形展示和方便地实现课件的快速翻页操作。

2.3 课堂教学与实践教学的关系

本课程的工程实践性很强，“学了管网课，不识管配件”的便大有人在。因此，仅有课堂教学是不够的，必须重视实践教学。

我校本课程的实践教学安排有两项内容：现场教学和课程设计。

在课堂教学期间，结合教学进度和内容，适时安排简短的现场教学，一是参观管道施工现场，重点是对各种管材、管配件和附属构筑物的工程认识；二是参观供水管网监测和调度中心，了解管网测压测流和运行调度的方法。

在课堂教学完成后，教学计划安排有 2 周的课程设计训练，要求学生独立完成简单的给水与排水管道系统的规划设计，消化和巩固本课程的基本理论和知识并加以综合应用；培养理论联系实际、分析和解决问题的能力，训练 CAD 绘图表达能力。为了与课程设计密切衔接，在课堂教学中，布置的用水量和给水管网平差计算、污水量和污水管水力计算、雨水量计算等的课余作业，均是课程设计要求的相关内容，使得学生在课程设计时能对自己的平时作业再次审视，进行整理或修改，以加深对本课程基本理论认识。

2.4 手工计算与微机电算的关系

在微机电算已在给水排水工程领域普及的情况下，对是否还需要学生进行给水排水管网的手工计算（也涉及手工绘图）的训练，教师存在着不同的看法，但目前的趋势似乎是在逐步减少乃至取消这种手工的训练。

我们认为在学习给水排水管网基本理论时，学生不能缺少手工计算训练这个重要环节。理由是：1）这是加强对管网计算基本原理、步骤理解和熟悉的需要，如同学习数学定理，没有练习题，如何理解和掌握？2）这也是今后编制或理解管网电算程序的需要，因为电算方法与手工方法有密切的联系，很难想象不理解管网原理和计算过程的人能够正确和熟练地应用电算。有一个例子可以说明，某学生在做环网平差的作业时嫌手工计算太麻烦，就试着用电算做，然后将各次电算平差的结果填写在手工计算表格内，最后的各环闭合差均满足要求，而且很小。但我们在批改作业时，任意选择一个节点校核其流量是否平衡，发现不对。事后，学生自己找到原因是对所用程序不完全理解，输入的数据与程序要求不一致，学生调侃说“被计算机所骗”。

由于我校教学计划在“给水排水管网课”之后安排有“给水排水工程计算机应用”课程，所以，在讲授管网水力计算和布置手工计算作业时，必须兼顾到手工方法和电算方法的联系，以及今后采用电算方法的需要。但我们发现《给水排水管网系统》和《给水排水工程计算机应用》两本教材在管网模型的表述方面有所不同，前者依据数学图论提出管网模型的矩阵表示；后者则根据管网水力计算的算法要求，提出相应的管网构造编码。为了兼顾两者，我们教学的重点是两个：1）解环方程的哈代—克罗斯算法原理和完整步骤（程序），这是采用手工的传统算法，而相应的电算方法与手工算法是完全一致的；2）解节点（水压）方程的原理，这是采用电算的常用算法，很好地理解节点水压方程的建立过程和上机前应做的准备工作是关键。为此，结合这两个重点来对教材内容进行精选和必要的补充：

（1）在讲授循序上先讲第 6 章（6.4 管网设计校核除外）、再讲第 5 章；对“5.3.2 节环能量方程组求解”，则略讲牛顿—拉夫森算法，详解哈代—克罗斯算法。

（2）在讲解 5.4 解节点方程水力分析方法一节时，在充分消化教材内容的基础上，我们将复杂的问题尽量简单化，作了如下改进：

（1）由于管段流量系数在解节点方程的电算程序中地位十分重要，一是用它形成节点方程组系数矩阵，二是程序每迭代计算一次，它也须更新计算一次。故我们对该系数另起一个别名“流压比”：$C_{ij}=q_{ij}/h_{ij}$，即管段的“流量/节点水压差（水头损失）”之比，而且由于管段流量和水头损失的符号相同，故流压比 C_{ij} 总为正值，这样使学生更加容易理解和记忆。

（2）对本节经“复杂”推导过程得出的节点水压方程组（教材第112页），我们提出一种基于该方程组系数矩阵内在规律的直接形成系数矩阵的方法，即相应于管网每一条管段 i-j，对系数矩阵 A 均有四处贡献：1）在系数矩阵的两个元素 a_{ii} 和 a_{jj} 上累加 $+C_{ij}$；2）在另两个元素 a_{ij} 和 a_{ji} 上累加 $-C_{ij}$。例如对教材图4.12中，管段2-5（即编号6的管段）对系数矩阵的贡献如（注意 $C_{25}=C_{52}$，也就是教材112页上的 $C_6^{(0)}$）：

$$\begin{bmatrix} \square & \square & \square & \square & \square & \square \\ \square & C_{25} & \square & \square & -C_{25} & \square \\ \square & \square & \square & \square & \square & \square \\ \square & \square & \square & \square & \square & \square \\ \square & -C_{25} & \square & \square & C_{25} & \square \\ \square & \square & \square & \square & \square & \square \end{bmatrix}$$

其余管段的贡献也可以直接观察出来。这种方法形成系数矩阵非常简便，在学生做解节点水压方程的练习时，可以手工方法直接写出来，也有利于今后进行电算的程序编制，故值得推广。

（3）为了按上述直接方法形成节点水压方程的系数矩阵，对教材“4.4.1节管网图的矩阵表示”补充了管网图的“峰矩阵”表示法。

2.5 工程设计与科学研究的关系

新教材内包含有较多给水排水管网系统的理论研究成果，有助于学生认识和掌握本领域中的新技术发展方向，是值得肯定的一面。但教学实践表明，对于刚刚进入专业课学习的初学者而言，过多地介绍“高水平”技术却使相当一部分学生有“无所适从”的感觉，反而分散了他们学习基本理论的精力。

这里涉及的是教学中如何处理工程设计与科学研究的关系问题。目前的工程设计大都依据设计规范，基本是一种经验设计方法；而科学研究则强调优化理论的应用，强调多学科知识的交叉应用。给水排水管网工程系统也是如此，新教材引入的数学图论和优化理论、管网水质控制生物学以及计算机信息和自动化技术等等，都是近20年来管网工程理论的研究成果。

我们认为，在本科教学阶段，应按照课程大纲的基本要求，以相关规范为参照的工程设计内容作为基本教学内容，打好扎实的基础；而有关管网的“高级”理论则作为选讲内容，供一般学生了解和有兴趣的学生自学钻研，并放到研究生阶段作为教学内容。我校按此思路组织教学，实践表明这是目前适应本科专业课减少学时改革的一种比较现实合理的安排。

2.6 实学与创新的关系

给排水科学与工程专业的前途在于不断适应新时期对本专业人才培养的要求。所以，学科的课程体系需要创新。给水排水管网系统理论的发展很快，与数学、水动力学、生物学、材料科学、计算机科学等多学科知识交汇，新的教材体系也将不断改进和更新，让人应接不暇、倍增紧迫感。

多年的教学实践让我们深深感到“实学创新”的重要。一方面要实学，知识爆炸，学无止境，唯有“实学”，才能胜任教书育人的工作；故应当沉下心来，扎扎实实学习钻研，不断吸收新的知识营养，任何“浮躁”都是无济于事的。另一方面要创新，从事教学工作要在全面把握住本学科的理论构架与发展趋势的基础上，有自己的心得或研究成果，并学习应用各种新的教学方法和手段，才能做到教学工作“得心应手”。显然，“实学”是“创新”的基础；“创新”是“实学”的动力。在教学过程中十分强调教师主导作用，因为实际教学效果主要取决于教师的“实学创新”能力。

3 “水质工程学”课程教学的探讨与思考

方 芳 蒋绍阶
（重庆大学 城市建设与环境工程学院水科学与工程系，重庆，400045）

【摘要】 “水质工程学”是给排水科学与工程专业的一门重要主干课程，该课程内容牵涉面广，培养目标多元化，部分内容仍属于研究前沿，因此如何更好地开展教学是值得探讨的问题。本文根据重庆大学水科学与工程专业教学实践提出了一些问题，总结了一些经验和心得，并在课程设置、教学模式和双语教学等方面进行了探讨。

【关键词】 水质工程学；教学；探讨

3.1 “水质工程学”课程概述

“水质工程学”是给排水科学与工程专业（原给水排水工程专业）的一门专业主干课程，历来是各校相关专业学习的重点内容。该课程以物理、化学、生物、化工等课程为理论基础，用工程学的方法研究给水和废水处理的工艺和工程技术。要求学生全面系统地了解水的性质、给水和污水的水质特征与水质指标等基本概念与理论；掌握城镇给水与污水处理技术的基本概念、基本理论、基本计算方法及其发展状况，为将来从事本专业的工程设计、科研及运行管理等工作奠定理论和应用基础。

“水质工程学”是给排水科学与工程专业本科学生完成了基础知识学习后接触的主要专业课之一。它与“给水排水管网系统”和“建筑给水排水工程”一起构成完整的给排水科学与工程专业课程体系，是城市健康水循环中不可或缺的一环。

3.2 “水质工程学”教学的主要问题

（1）学时数较少

高校在“厚基础、宽口径、强能力、高素质”的培养目标要求下，普遍压缩了专业课的学时数。在我校传统课程设置中，给水工程实际上分为“给水管网”、“城市给水处理”和“工业给水处理”三门课程。相应地，排水工程也分为“排水管网”、“城市污水处理”和“工业废水处理”三门课程。而现行水质工程学课程主要包括了城市给水排水处理，安排的课时数为74学时，难以在有限的学时内完成规定的教学内容。

（2）教学内容的调整与增加

由于水质工程学是一门应用性很强的学科，随着水处理技术的快速发展，许多新理论、新技术、新设备、新材料等不断涌现，并在实际工程规划、设计、施工和营运中得以广泛应用，这些都还未来得及在现行教材中反映出来，存在着教材内容和教学内容滞后于专业学科发展的现象，而教师又有必要将其纳入教学内容，因此，相当于又增加了一部分教学内容。

（3）培养目标多元化

随着水工业向社会各层面的渗透，对人才培养提出了更高的要求，既要求有宽厚的理论知识，更需要有较高的综合素质和较强的综合能力，也就是要有很好地适应相关行业要求的能力，这些是当前市场对“复合”型人才的提出的要求，而《注册公用设备工程师执业资格制度暂行规定》的施行就是其中的具体要求之一。

与此同时，在校生报考研究生的人数逐年增加，“水质工程学”作为给排水科学与工程专业的重要课程，往往是必考的专业课，这就要求学生必须具备扎实的理论知识，也给教学提出了更高的要求。

另外，随着我国的“入世”和全球经济一体化的到来，各行业的国际交流日益频繁，“洋水务”逐步扩大中国水处理市场，学习和了解国外先进的水处理技术都迫切需要既懂外语又懂专业知识的人才。因此高校迫切需要进行双语教学，以使毕业生既具有专业知识又有较强的国际交流与合作共事能力。

3.3 改进教学的主要措施

3.3.1 灵活进行课程设置

依据1999年建设部高等学校给排水科学与工程学科专业指导委员会提出的专业教学基本框架和培养方案，在理顺学科内相关课程教学内容和不影响10门主干课程的基础上，其中包括“水质工程学”，按照贯通、融合、综合、更新、提高的原则，可以精简、重组专业课程体系，使课程结构内容合理、整体优化。

基于上述原则，我们确定了“水质工程学”与其他课程的联系与分工：该课程中涉及水处理的设计、施工等方面内容被纳入专业必修课“水处理工艺设计”和专业基础选修课“水工程施工与项目管理”课程教学中，涉及工业水处理的工艺技术等方面内容，被纳入专业选修课“工业给水处理”和“工业排水处理”课程中讲授。

这种教学内容的分解模式具有以下优点：

(1) 由于教学内容得以在不同课程中讲授，相关授课课时得到了保证，有利于老师深入细致地讲解，也有足够的时间补充和引进当前的水处理新理论、新技术，开阔学生的视野，更新知识体系。

(2) 课程设置灵活，学生可以根据自身情况，有的放矢地选择学习内容。

(3) 将理论教学和实践教学明确分开，以利于采取不同的教学模式，也有利于逐步推进双语教学。

3.3.2 加强理论与实践相结合的教学模式

给排水科学与工程专业人才的培养目标是以培养复合型、应用型人才为主，具体定位为培养基础扎实、知识面宽、能力强、素质高、有创新意识的给排水科学与工程专业高级技术人才，因此，专业教学课程体系的设置应着眼于提高学生的工程实践能力，在课程讲授过程中加强理论与实践相结合。而现实社会中，《注册公用设备工程师执业资格制度暂行规定》的施行对之提出了具体的要求。

众所周知，随着2003年5月1日起《注册公用设备工程师执业资格制度暂行规定》的施行，我国将在3～5年内按行业分类逐步实行执业注册制度，其中包含了给水排水公用设备工程师。给排水科学与工程专业注册公用设备工程师执业资格专业课考试内容分为知识概念性考题和案例分析（即应用）题，专业考试科目为给水工程、排水工程、建筑给水排水工程3门。其中考试科目给水工程、排水工程与课程“给水排水管网系统”、“水质工程学”相互对应，但名称不同，这主要是由于专业指导委员会对高校教材进行了更新，而注册工程师管理委员会仍沿用原高校教材；其次，考试科目的考题数量及分值与课程设置的学时数不相匹配，如知识概念题与案例分析题的分值比例为2∶1，但在水质工程学的教学中，往往更偏重于理论知识教学。这有待于我们在教学过程中注意加强与注册工程师考试的要求相适应。

在课堂教学讲解理论知识的同时，注重将工程实践、专业规范、行业发展知识传授给学生。比如2006年1月发布了《室外排水设计规范》GB 50014—2006，它是对《室外排水设计规范》GBJ 14—87（1997年版）的一次全面修订，而我们在2006～2007学年第一学期的“水质工程学”和“水处理工艺设计”就及时将修订内容告知给学生，并要求课程作业、课程设计和毕业设计等实践性环节均按照新规范操作。实践证明这是比较受学生欢迎的教学方法之一。

在课堂上讲解一些典型的实际工程实例，对提高学生的学习兴趣和学习效果是有益的，而且可以体现本专业的成就感、责任感。为此，我们收集了一些少而精的实际应用成果，与有关章节的重点内容结合，从具体案例出发，针对性分析处理对象基本特征、处理过程、实际结果与存在问题等。我校主讲教师曾主持和参与完成了多项城市给水与污水的处理技术研究和工程设计，可以较好地实现这一教学手段。

另外，在教学中提出一些实际工程中常遇到的问题，启发学生去分析思考，使学生能融会贯通，举一反三，把本来枯燥无味的课堂教学变得丰富、生动起来，使学生体会到给水排水专业课的重要性和出现错误的利害关系，从而激发学生的学习兴趣，使学生既掌握了新知识，又提高了解决实际问题的能力，提高了教学质量。

3.3.3 关于双语教学的思考

教育部在2001年制订的《关于加强高等学校

本科教学工作提高教学质量的若干意见》（教高［2001］4号）文件中，明确要求高校积极开展双语教学，努力使5%～10%的课程能用外语授课。双语教学是我国高等教育与国际接轨、迎接新世纪挑战和教育改革发展的必然趋势，是当前教学改革的热点和重点。水质工程学作为给排水科学与工程专业的一门重要的专业主干课程，我们也在开始考虑双语教学的可能性。

目前，我校的“工业给水处理”和“工业废水处理”采取的是双语教学模式。从实践效果来看，尚存在一些问题和困难，如缺乏合适的外文教材，课时偏少制约课堂教学效果，外语交流在一定程度上阻碍了师生对课程内容的深入探讨，以及教学师资力量的培养等等。

我们认为，解决这些问题的途径主要有：

在尽可能遵从原有的教学体系和教学大纲的前提下，选用外国原版教材；若没有合适的外国原版教材，则可以考虑自己组织编写双语教学教材，以避免教师在进行教学安排过程中的左右为难，无所适从现象。

“水质工程学”作为专业必修课，学生没有选择是否学习该课程的权利，因此双语教学过程中，应该注重学生对专业知识的掌握，然而学生的外语水平存在较大差异，所以可以以母语为主，适当地加入外语进行授课，即总体上保持中文的讲授，根据学生的学习状况递进地增加使用外语授课的比例。可以用中文理清课程总体脉络，然后阶段性提高外语使用比例。在讲授过程中，可以将重要章节几乎全用母语讲解，并对专业词汇进行详细的解释，而相对不重要的章节可多用外语讲解。

双语教学对任课教师的专业能力和英语水平要求很高。从2000年以来，重庆大学就开始有计划地培训一批双语教学教师，学校资助层面就包括校内、国内和国外三个层次，获得了良好的效果，现在教授“工业给水处理”和“工业废水处理”的两位双语教学老师就是在这一过程中成长起来的；其次鼓励国家留学基金委资助的出国访问和在国外取得博士学位的归国教师积极开展双语教学，今年给水排水教研室就有1位获得英国博士学位的教师学成归国，另有3位教师即将出国进行为期一年的交流访问。可以认为，开展双语教学对师资的要求在近期内可以得到有效解决。

从长远来看，适当地开展双语教学是一个有益的探索方向。而为确保专业课主要内容的教学效果，必须将双语授课从被动的翻译形式转变为主动的接受和互动的教学体验。这其中还有很多的问题值得我们去思考和探索。

3.4 结　　语

随着我国环境及市政工程的迅猛发展，社会对从事水环境保护技术与工程的高级技术与管理人才的需求愈来愈迫切。“水质工程学”作为给排水科学与工程专业重要主干课程，对其课程教学的思考、探讨和改革既是学科发展的需要，也是当代人才培养的需要。我们根据重庆大学水科学与工程专业教学实践提出了一些问题，总结了一些经验和心得，并在课程设置、教学模式和双语教学等方面进行了粗浅的探讨，以期与同行们进行更多的沟通和交流。我们相信，这样的探索和尝试必将对水质工程学教学的发展和深化起到积极的促进作用。

参考文献

［1］李圭白，张杰. 水质工程学［M］. 北京：中国建筑工业出版社，2005.

［2］李定龙 . 给排水工程学科发展方向与人才培养［J］. 化学高等教育，2004，(1)：8-11.

［3］梅胜，吴继红 . 加强专业课课程体系建设，适应注册师执业资格制度——浅谈给排水科学与工程专业课程的设置［J］. 广东工业大学学报（社会科学版），2003，3（增刊）：137-145.

［4］段玉丰，付朝霞 . 关于高校专业课双语教学的思考［J］. 中国科技信息，2007，(9)：189-190.

4 “水质工程学”课程教学初探

张建锋　袁宏林
（西安建筑科技大学　环境与市政工程学院，陕西　西安，710055）

【摘要】 传统的以教为中心的教学模式不适应现代社会发展对人才培养的需求，必须进行改革。文章通过分析“水质工程学”课程教学过程中面临的问题、教学过程的改进与革新，对教材内容的编排提出建议，与各高校进行教学实践交流，精心设计教学方法，改进不合理的教学方式，使大学真正成为工程师的摇篮。

【关键词】 水质工程学；教学改革；教材编排

随着我国水工业的发展，为满足新形势下人才培养和学科发展的要求，给排水科学与工程专业课程体系也进行了相应调整。在原有“给水工程（下）”和“排水工程（下）”课程基础上发展起来的“水质工程学”课程，已经成为给排水科学与工程专业主干课程之一。本文结合新教材的教学实践，对“水质工程学”的教学内容和过程进行分析讨论，以期提高教学效果并促进课程的发展。

4.1 对“水质工程学”课程的认识

“水质工程学”课程是对水处理各单项技术的系统整合，突破了原有给水处理和污水处理的人为划分，体现了以原水水质和处理要求为依据、进行水处理和工艺选择的新理念。“水质工程学”课程设置具有以下特点：

（1）符合我国经济建设的实际要求

在国民经济飞速发展和城市化进程不断加快的同时，我国水环境污染和水资源短缺日益突出，这对水处理工艺的发展和水资源的利用提出了新的要求。

从城市水资源利用的角度来看，水质工程学教材全面系统地介绍了水的社会循环，结合地表水环境质量标准、用水水质标准和污水排放标准的论述，将城市供水和排水标准体系有机结合起来，增强了学生专业实践过程中对城市水系统管理法规体系的认识。

目前，为应对日益严重的水环境污染、满足不断提高的用水标准，各种水处理技术的相互结合已成为大势所趋。“水质工程学”课程以处理方法为核心进行内容组织，强化水质控制目标，同时避免了原有“给水工程（下）”和“排水工程（下）”课程中有关内容的重叠，增强了专业知识的系统性。

（2）符合复合型人才培养的教学目标

近年来，随着水处理理论研究的不断深入，新的技术和工艺不断推陈出新，给水排水本科教学内容日益丰富。同时，为了适应“厚基础、宽口径、强能力、高素质”的高等学校培养目标，目前各校普遍压缩专业课时。如何在有限的专业课时内，以更高的教学质量来达到人才综合素质和技能的提高，是目前给水排水专业本科教学面临的新挑战。基于工程实践和学科发展的要求，给水排水专业原有的理论知识与设计实践并行的专业教学内容必须作出相应的调整。“水质工程学”课程以水处理理论与技术工艺为核心内容，强化基础理论教学，注重新技术和新工艺的介绍，这样可以在夯实学生专业理论的同时，拓宽学生的知识面，增强学生进行社会实践的能力。

4.2 “水质工程学”课程教学方法的改进与革新

4.2.1 “水质工程学”课程教学过程中面临的问题

在给水排水专业的教学过程中，与原有课程

结构和教学内容相比较，“水质工程学”课程整合了“给水处理（下）”和“排水工程（下）”两门课程中有关水处理理论与技术的相关内容，强化基础理论与工艺介绍，淡化了各种处理设施（构筑物）设计计算的内容。在目前水质工程学教学过程中存在的主要问题包括：

（1）教学课时压缩

原有的教学计划中，“给水处理（下）”和“排水工程（下）”两门课程一般各安排60～70课时，而新的“水质工程学”课程压缩为70～86课时，学时几乎减少了一半。

（2）课程体系和教学体系亟待调整

专业技术人才的培养具有很强的系统性，基于培养计划所确定的课程体系相互配合、循序渐进，从而完成具有系统专业知识结构的人才培养过程。“水质工程学”课程需要相关教学环节的支撑，这其中包括相关课程的调整、教学计划的变动等。

（3）专业实践环节有待加强

工程实践能力培养是给水排水专业教学任务之一，从专业人才培养的整个过程来看，专业实习、实验及设计是重要的实践环节。课程内容调整后，为提高教学效果，实践教学的内容、组织和安排也必须作出相应的调整。

4.2.2 “水质工程学”教学过程的改进与革新

（1）课堂教学方法的改进

目前课堂教学主要媒介包括板书和多媒体，从水处理课程教学效果来看，板书比较适合逻辑性很强的理论公式推演，而多媒体教学由于信息传输量大、直观生动，适合于机理剖析和工艺介绍。

与以往教材比较，新编《水质工程学》教材中加大了水处理新技术和新工艺的内容，要在有限的教学课时内，高质量地完成相应的教学内容，就必须结合多媒体教学信息传输快捷的优势。另外，在有关水处理构筑物的教学过程中，V形滤池、曝气池及其演变的各种生物反应池、虹吸滤池、脉冲澄清池等处理构筑物结构复杂，学生理解困难，而多媒体课件能高效展示池体构造的三维立体图，并通过池体的旋转、拆分和组合展现池体的细部结构，结合流程，可以使学生掌握其运行特征，增强学生有关水处理技术的工程实践能力。同样，多媒体教学也适用于各种水处理工艺流程、处理厂平面布置和厂区功能分划的内容介绍。

我校在水质工程学课程调整后，板书与多媒体教学课时的比例，由1∶1变为1∶1.5～2.0，取得了较好的教学效果。

（2）课程体系和教学计划的调整

在以往的课程体系中，“给水处理（下）”和“排水处理（下）”为两门课程，分别于第6、第7学期讲授。作为配套的教学支撑体系，分别于第6、第7学期此课程完成后，设置“给水处理”、“污水处理课程设计”，于第6、第7学期进行认识实习和生产实习。“水质工程学”调整为第7学期，在第6学期进行认识实习，在第7学期中进行生产实习，第7学期末进行课程设计。教学计划的调整，强化了教学内容的系统性，体现了感性认识→抽象分析→理论实践的专业认知过程。另一方面，教学内容在第7学期集中讲授，也便于报考研究生的同学进行专业知识的备考。

（3）实践环节对课程教学的支撑

在给水排水专业学生的专业课学习过程中，“水质工程学”课程相关的实践环节包括实习、课程实验和设计，其中实习包括认识实习和生产实习。根据教学计划和课时安排，在第6学期末、先于课程教学进行认识实习，其主要目的在于提供学生对各种水处理设施（构筑物）、水处理流程的感性认识。由于缺乏系统的专业知识，在认识实习内容的组织上必须进行必要的水处理理论储备。在现场实习之前通过多媒体课堂教学，以图片、录像讲解的形式对相关的水处理知识和实习现场进行介绍，一方面可以提升学生现场实习兴趣，避免“走马观花”式的现场参观，另一方面也为随后进行的课程学习提供一定感性认识。

相对于认识实习，生产实习主要培养学生理论联系实际的能力。针对“水质工程学”的教学，在认识实习过程中侧重于水处理效果的介绍，生产实习过程侧重于处理机理和工程实现的剖析。

近年来，高等学校扩大了招生规模，在生产实习中采用以往“跟班实习”的形式已不太现实。另一方面，院校合并、归属调整以及企业改制，使得原有的实习基地发生变更，因此高校在生产实习组织过程中出现了一些新的问题。如我校

2004级给水排水专业认识实习和生产实习均安排在西安市区，实习现场重叠。针对这种情况，对实习和课堂教学内容进行适当调整。在课堂教学中，以确定的认识实习现场为特例，进行有关处理工艺介绍和处理构筑物的特征分析。待课堂教学完成后、先于课程设计组织生产实习，结合课堂教学内容进行现场剖析。

实验是“水质工程学”教学过程中的重要环节，是学生理解和掌握各种水处理理论与技术的必要过程。针对以往水处理理论教学与实验操作脱节、学生被动参与以及实验报告千篇一律的情况，我校对水处理试验的组织形式和内容进行了相应的调整。即水处理实验与水质工程学课堂教学同步进行，水质工程学授课教师参与实验指导，同时将实验分为演示性实验、操作性实验和开放性实验三类，其中演示性和操作性实验分别安排4课时、12课时，学生分组、集中进行。开放性实验不受具体课时限制，形式主要有两类，一类为学生自拟题目，与实验室协商有关实验方案和要求，并确定实验时间由学生独立完成；另一类是结合有关老师的科研项目，由项目承担老师和实验室共同拟定开放性实验题目，由学生选择参加，2006年共推出此类实验12项。

课程设计是水质工程学教学实践的重要内容，通过课程设计可以强化学生对课堂知识的理解，提升学生专业理论实践的能力。新版教材中有关水处理设施、构筑物设计计算内容大大压缩，但受到专业总课时数的限制，目前无法单独增设有关设计计算的课程，因此我校相应调整了课程设计的教学安排，即在水质工程学开课伊始就布置课程设计“大题目”，所谓“大题目”指教师仅提供基本设计条件、不涉及处理方案和流程。在专业理论的教学过程中，穿插讲授相关处理设施（构筑物）的计算方法，引导学生有步骤、有计划的设计计算，并对有关设计内容组织课堂讨论。课程完成后集中2～4周时间，学生分组（每组15～18人）后自行确定具体的处理方案和工艺流程，在老师指导下完成设计计算整理和绘图。

4.3 有关“水质工程学”教材内容编排的几点建议

我校于2006年开始使用《水质工程学》教材（2003级给水排水专业），根据课堂教学效果和学生的掌握情况来看，新教材的部分内容组织和编排值得商榷，主要包括以下几方面内容：

（1）《水质工程学》教材内容丰富，为便于组织教学内容、强化学生理解，建议在各章节补充课后思考题；

（2）在教材第4章“沉淀”章节中，建议增加沉淀池集水系统的要求、原理和集水形式等内容；

（3）教材5.3.2节“快滤池滤层的优化”中，建议结合滤层中压力的变化，明确“负水头”的概念和预防措施；5.3.3节“滤池运行的控制”中，建议增加滤池进水流量控制系统的相关内容；教材5.5节“滤层的反冲洗”中，能否增加有关反冲洗运行操作，如慢速启动、排水浓度变化和滤层含泥量测定与判断等内容；

（4）教材第7章“氧化还原与消毒”章节中，高级氧化技术能否列为可选内容；

（5）在第4篇“水处理工艺系统”中，能否增加供水系统应急处理技术和思路，以及污水处理设施的紧急故障处置的相关内容；

（6）教学实验开展与课程讲授内容及进度如何有机结合也是值得探讨的问题。

4.4 结　　语

结合“水质工程学”课程改革的教学实践，对新版教材的特点和教学支撑体系进行了分析，对新教材内容的编排提出了一些建议，以期通过与各校教学实践交流，促进“水质工程学”课程的进一步完善与发展。

5 “建筑给水排水工程”课程教学改革与研究

李伟英[1,2]　高乃云[1]　李树平[1]　吴一蘩[1]

（1　同济大学　环境科学与工程学院，上海，200092；2　同济大学　环境科学与工程学院长江水环境教育部重点实验室，上海，200092）

【摘要】 本文概述了现有“建筑给水排水工程”课程传统教学模式所存在的问题；针对本课程实践性强等特点提出了“教学—实践—应用”相结合的互动式人才培养新模式；最后对实践性课程教学改革提出相应的建议。

【关键词】 “建筑给水排水工程”课程；教学实践；改革

5.1 前　　言

“建筑给水排水工程”属于应用工程类专业技术课程，与“水质工程学”、“给水排水管网系统”并列称为给排水科学与工程专业的三门主干课程。现代工业、民用建筑是由建筑、结构、采暖通风、给水排水、电照、动力等有关工程所构成的综合体，而建筑给水排水工程对于满足人们舒适的生活环境、提高生活质量、保障人民生命财产安全等方面起着十分重要的作用。

我国建筑给水排水工程学科在20世纪50年代设立，其课程的设置旨在通过理论授课和实践性教学环节使学生系统地学习并掌握建筑给水排水体系中的主要基本理论及设计原理和方法，培养学生具备建筑给水排水工程的设计、管理和科研的基本能力。

随着国民经济的快速增长、生活环境质量的逐步提高、建筑事业的蓬勃发展，建筑给水排水技术在新时期中亦取得了迅猛发展，其内涵和外延均有很大的变化，即由初始的简单室内上下水管道及设备发展成为由建筑内部给水排水、建筑消防给水、建筑小区给水排水、建筑中水处理和特殊建筑给水排水组成的较为完整的建筑给水排水学科体系。高层、超高层建筑的崛起、住宅小区的兴建、节水技术的普及、绿色生态小区、绿色住宅、健康住宅等新概念的提出，为本学科注入了新的知识点，使建筑给水排水工程学科焕发出新的生命力；新技术、新设备、新材料的涌现推动建筑给水排水工程学科的进步与发展“建筑给水排水工程”课程教学不仅一直被列为给排水科学与工程专业必修的专业课程，也是环境、建筑、土木类等专业的必修或限选课程。在全国注册公用设备工程师（给水排水）执业资格考试的三门课程中，该门课程占40%的比重，由此凸现出其在实践性环节中的显著地位及其重要性。

然而，伴随着建筑给水排水学科新技术的快速发展，相关设计规范及其设计标准图亦随之变化较快，由此造成高校教学内容、教材更新等难以跟上其发展速度，显现出的许多缺陷与不足值得商榷。

5.2 “建筑给水排水工程”教学上存在的问题

“建筑给水排水工程”在教学中存在许多问题，总结归纳如下：

（1）理论研究薄弱

与“水质工程学”相比，“建筑给水排水工程”的理论研究较为薄弱。尽管在近几年建筑业的迅速发展带动了本学科的新技术、新研究动向、新设备、新设计方法及其规范和标准的发展，实际设计、施工等条件的千差万别，造成本学科在实践应用中出现的各类问题较多，急需高校及相关研究部门的理论支持。但在目前的高等教育框架下，建筑给水排水工程学科难以形成良好的产、学、研相结合的运行机制，其理论研究环节存在明显落后于实践应用与发展的弊端。因而，本学科的理论研究进展不仅难以做到引领和指导实践，甚至落后于实践发展。

（2）教材编写体系陈旧

我国目前各大院校采用的《建筑给水排水工程》教材，在内容设置及其形式上均沿用20世纪40年代末苏联的高等学校教材《房屋卫生技术设备》的编写大纲和各章节内容安排，虽然经过多次修编，但是许多内容仍需进一步改进。当前科学技术的迅速发展使得新型的建筑水系统及技术不断涌现，以往陈旧的概念亦在慢慢隐退，旧的教材内容及其体系难以适应社会发展。

（3）课程设置与实践需求存在差距

目前“建筑给水排水工程”课程设置与实践应用相结合方面存在着许多问题。“建筑给水排水工程”具有双重性，既是给水排水专业的主干课程，又是建筑设备工程的组成部分。目前，各学校培养的学生仅仅具备单一的建筑给水排水的专业知识，远不能满足市场各单位所需求的具有水、暖、电知识的复合型人才需求。

（4）课程教学中存在的问题

由于建筑给水排水工程发展很快，随之涌现了较多的新技术、新设计规范、新设备、新设计方法等。由于高校课程课时设置以及新技术传播应用时间滞后等原因，在高校教学授课过程难以将课堂理论教授内容与实际问题有机结合起来，造成学生在校所掌握的知识点与实践存在一定的差别。

“建筑给水排水工程”在课程教授过程中实践环节形式单一，缺乏各专业的协调和管道综合训练，不能满足就业市场形式多样化的要求，即除了在设计院工作之外，有很大部分的学生进入到房地产公司、物业管理公司、建筑支装公司等。

尽管目前国内各大高校“建筑给水排水工程”的教学手段从过去传统的黑板加粉笔的单一方法，已逐步转化为运用多媒体课件等现代化教学手段与传统教学方法有机结合。但是目前教学课件的制作只限于PowerPoint形式，形式还过于单一，有待改进。

5.3 解决的措施

鉴于“建筑给水排水工程”课程具有应用性广、实践性强等特点，其课程教学及改革应以强化实践教学效果为主，注重“四结合”原则，即理论与实践相结合，实验技术内容与工程实际相结合，传统给水排水技术与现代高新技术相结合，本科教学与科研设计相结合。针对“建筑给水排水工程”发展与教学方面存在的问题，需要对目前高校相关教育的运行机制和“建筑给水排水工程”课程设置进行改革，以达到培养具有广博基础及实践知识多样化复合型人才的目标。

（1）利用现代化教学技术与方法，丰富理论研究内容

在教学方法上注重理论讲授与工程实际的紧密结合，正确把握好课程与教学两者之间的关系，改变传统的以教师为中心的教学结构，采用启发式或讨论式的教学方法以激发学生参与本课程的积极性、活跃课堂气氛和思维。收集工程实例并精心穿插到各教学章节中，将一些典型工程实例以课外补充作业的形式留给同学，学生课下思考完成后，教师在课堂上与学生共同分析解决问题的最佳途径与方法，由此调动学生的学习积极性，激发学生的学习热情，使学生对本门课程产生强烈的参与意识。

在教学方式上尽量采用多媒体等现代科学技术，利用其能在短时间内传输、储存、提取或呈现大量的图形、图像、活动画面等方面的信息，使理论教学与工程实践密切结合在一起，缩短学生的实践认知过程。开发多媒体研究课件作为真实研究的补充，除原有的PowerPoint外，增加采用新的Flash、3DMax等制作软件，使多媒体教学图文并茂，更加丰富多彩。多媒体课件能容纳大量素材，信息量加大、讲授效率提高，并能及时更新内容，改进备课方式，从而能很好地保证课堂教学质量。

（2）优化课程结构，拓展教学内容

首先注重“建筑给水排水工程”课程与本专业前接课程及后续课程有机地衔接，学生在对“建筑概论”、“水力学”、“泵与泵站”等课程的基本理论、基本原理能够进一步理解和应用后进行本课程的讲解，其中穿插讲授上述课程在本学科中的应用，对后续将要进行的毕业设计等实践性环节奠定基础。

其次注重其他学科知识对本学科的影响及在本学科领域中的应用。为了拓宽专业口径，培养多层次的复合型人才，在“建筑给水排水工程”课程中应增加工程安装、工程概预算、管理方面

的基本知识和技术、编制工程设计文件等内容，并对课程作进一步的精选、整合和精简，做好课程结构的整体优化。

合理安排每堂课的教授内容尤为重要。在正式授课前展示与本讲课程相关联的内容、关键知识点及本讲内容应完成的目标等，可以调动学生的参与性与互动性，便于控制课堂教学进度，达到较好的课堂教学效果。

(3) 加强教学实践环节，开展多种实践教学形式

加强实践教学环节，构建由“课程实验、课程设计、实习、毕业实习与设计”的实践教学与“社会实践、大学生科研训练、课程调研”等课外实践教学相结合的复合实践性教学体系。压缩课程理论教学学时，加强实践性教学环节。强化课程的工程训练环节，重视实习环节，拓展课程设计类型。根据教学进度和安排，有针对性地让学生走出教室，参观加压泵站、调研建筑给水排水及消防系统、室内游泳馆、室外景观水等，对工艺及运行管理中的优缺点和存在的问题进行分析并提出自己看法、撰写调研报告，在课程设计及其毕业设计阶段尽可能鼓励并推荐学生到各设计单位进行实际真题设计及演练，锻炼学生解决实际问题的能力。针对各用人单位对毕业生需求信息，合理调整课程设计和毕业设计内容，并对学生进行针对性指导。

与建筑科学研究所、设计院等相关单位友好合作，及时了解相关的技术攻关成果，将先进的科研成果引入到专业课教学之中，丰富专业课的教学内容，使学生的专业技能培养与学科发展的前沿紧密结合，同时，结合目前建筑给水排水学科对教学内容上进行及时的更新、引入，实现教学内容与学科发展同步不断充实完善授课内容，更新再版教材。

(4) 充分利用选课机制，引导学生选择相关联的课程

在教学大纲制定中有意识地引导学生选择暖、电等相关课程，并创造条件为学生提供水、暖、电等知识点的实践性环节。

(5) 加强纵向与横向科研相结合

由于建筑给水排水工程研究所需要的投资较高，且其研究成果的紧迫性、实践指导性弱于给水工程和排水工程，针对其纵向课题较难申请的现状，可与各企业和相关单位联合，加强横向各课题的研究，解决实际工程中遇到的各种问题，并以此为契机发展建筑给水排水的理论研究，加强其实践性环节。

5.4 结　语

“建筑给水排水工程”课程改革与研究是一个不断完善和发展的过程，以上内容与方法是本次教学改革与研究的重点。

通过以强化实践教学为主题的教学改革，旨在引导学生如何将学到的多学科理论知识应用于解决实际工程问题，实现从重视知识的传授、智力的培养向重视能力培养转变；从以学习知识为主的“知识目标观”向以学习方法为主的“能力目标观”转变；从“培养知识型人才观”向“培养创新型人才观”转变。因此，本课题的研究符合新形势下高等学校课程改革的方向和专业发展的要求，具有重要意义。

6 “建筑给水排水工程”课程实验的教学实践

许　萍　吴俊奇　杨海燕
（北京建筑大学　环境与能源工程学院，北京，100044）

【摘要】“建筑给水排水工程”是一门实践性很强的学科，要求学生能够具有创造性地分析问题和解决问题的能力，因此教师要抓住教学中理论与实践的各环节，不断改革与创新，不断更新和完善“建筑给水排水工程”课程实验，培养出满足社会需求的专门人才。

【关键词】 建筑给水排水；课程实验；教学改革

6.1 前　　言

“建筑给水排水工程”是给排水科学与工程专业的专业主干课程之一，是一门为工业和民用建筑提供必需的生产条件和舒适、卫生、安全的生活环境的应用科学。

“建筑给水排水工程”虽然和“给水工程”、“排水工程”并列，同为给排水科学与工程专业的主干课程，但与给水工程、排水工程相比，无论在教材、教学方式，还是在实验及实践环节，建筑给水排水工程都还有许多不足之处有待充实和改进。“建筑给水排水工程”作为北京建筑大学给排水科学与工程专业的一门特色课程，自1998年以来进行了一系列的改革尝试和教学实践，本文着重介绍我校“建筑给水排水工程”课程实验的教学实践情况。

6.2 实验目的及项目选择

为了培养学生的动手能力，并使学生能更好地理解课本中所描述的物理现象及其原理，根据教学内容，实验室现有条件和教师科研创造的软硬件条件，通过自行设计、加工和安装，先后开设了3个实验项目。

6.2.1 排水管道水力工况实验

排水管道中的水流状态为汽水两相流，其流态较给水系统复杂，课堂教学中“排水管道中的水气流动物理现象”一节亦属于教学中的难点内容。通过设计出的排水立管水力工况实验和排水横管水力工况实验可以使学生直观地了解排水立管内和排水横管内的气压变化规律，并通过实验了解吸气阀的作用并加深对规范的理解。

以下为排水管道水力工况实验的具体内容：

（1）目的

1）使学生了解排水立管内气压沿柱高的变化及随流量大小的变化规律；

2）使学生了解排水横管内气压随放水流量的变化规律；

3）使学生了解吸气阀在排水管中的作用。

（2）实验装置及设备

1）排水立管实验装置2套，分别见图1和图2；

2）排水横管实验装置1套，见图3；

3）压力传感器8个，AD采集卡2个；

4）组合转子流量计1台；

5）潜水泵1台；

6）电脑2台；

7）U形比压计1个。

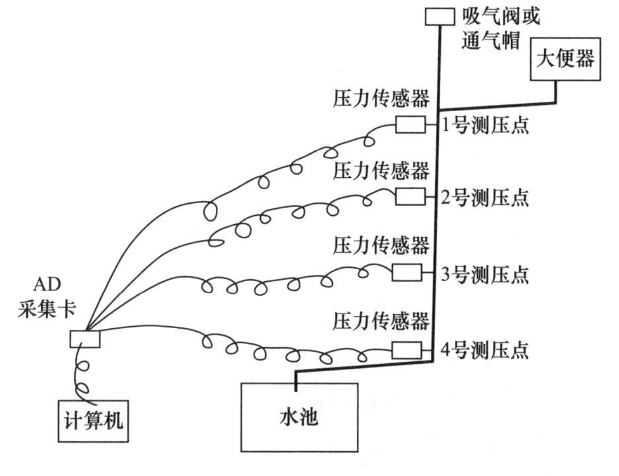

图1　排水立管水力工况实验装置示意图（一）

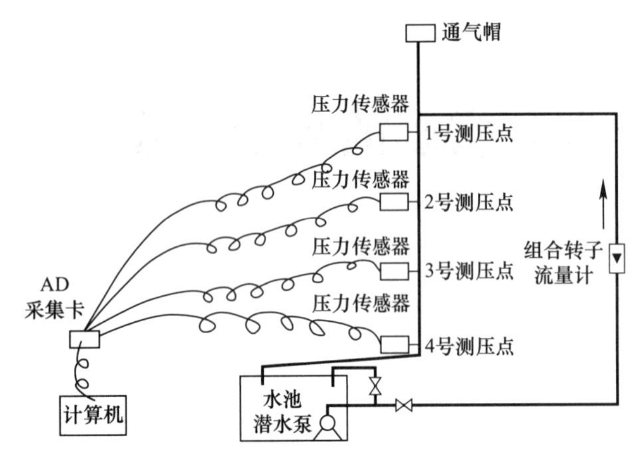

图 2　排水立管水力工况实验装置示意图（二）

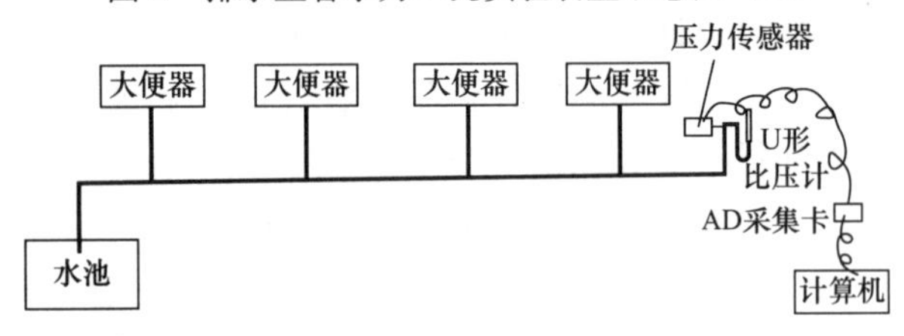

图 3　排水横管水力工况实验装置示意图

（3）步骤

1）排水立管水力工况实验

A. 开启计算机，启动压力传感器测试软件；

B. 调整装置（一）中高位水箱水容积；或调整装置（二）转子流量计流量；

C. 用计算机记录 1 号～4 号压力传感器的电压值；

D. 重复 A～C 步骤；

2）排水横管水力工况实验

A. 调整每个大便器水箱水容积；使水量分别为 6L 和 9L；

B. 4 个大便器同时放水，记录压力传感器的电压值（或读 U 形比压计的最大和最小读数，求出最大正压值和最大负压值）；

C. 重复 A～B 步骤。

（4）实验成果整理

1）根据电压与压力的换算关系，求出 1 号～4 号各点电压变化的最大值对应的压力值，分别绘制不同流量下排水立管内的压力沿立管高度的变化曲线，分析排水立管内压力随出流量的变化和沿管高度的分布规律；

2）根据电压和压力的换算关系，求出测试点电压变化的最大值对应的压力值，分别绘制不同出流量下排水横管内的压力—流量曲线，分析排水横管内压力随出流量的变化规律。每组同学完成一个排水横管和一个排水立管的实验。

（5）注意事项

压力传感器为贵重精密仪器，需小心安放，避免碰撞。

（6）考核办法

根据学生成果按优、良、中、及格和不及格五级统计。

6.2.2　卫生器具管道安装与连接实验

了解并能够进行卫生器具和管道的安装连接是对从事建筑给水排水工程的技术人员的基本要求，针对常用的洗脸盆、洗涤盆、坐便器，以及常用管材（镀锌钢管）和新型管材（铝塑复合管、PP-R 管），要求学生自己动手完成卫生器具给水、排水附件的连接，以及每种管材 3 个以上管件的连接，使学生认识各种管件及其作用并了解不同管材的连接方法。

卫生器具管道安装与连接实验的具体内容为：

（1）目的

1）使学生认识各种管件及其在管道系统中的作用；

2）使学生了解不同管材的连接方法。

（2）实验设备、管材、配件及工具

1）卫生器具：洗脸盆、洗涤盆和坐便器及相应的给水附件、排水附件等；

2）镀锌钢管及相应的配件：三通、弯头、活接头、补芯、生料带等；

3）铝塑复合管、PP-R 管及相应的配件：三通、弯头、变径等；

4）压力表及切割、安装工具：镀锌钢管切割锯、台虎钳、套丝扳、扳手、手锯、塑料管熔接器、铝塑管专用剪刀、螺丝刀等。

（3）步骤

1）洗脸盆、洗涤盆存水弯的连接；

2）给水附件及管道的连接：

A. 根据要求绘制给水管道配件连接草图；

B. 选择管道连接配件；

C. 下料；

D. 套丝或准备连接；

E. 连接管道及配件。

3）连接自来水管道试压和试漏。

（4）注意事项

1）切割锯切割镀锌钢管时，应均匀用力缓慢下压不可过猛，以防锯片破碎伤人；

2）镀锌管道套丝前必须在压力架上夹紧；套丝时应根据管径的不同套2～3扳，否则易磨损扳牙；套丝应完整且表面光滑，否则会影响连接的严密性；

3）塑料管熔接器使用时应注意用电安全和避免热烫伤。

（5）成果

每组学生独立操作，要求上交如下成果：

1）卫生器具的管道连接实物及照片；

2）给水管道配件连接草图，图中应注明管径及配件名称。

（6）考核办法

根据学生独立完成的实物、照片及给水管道配件连接草图，按优、良、中、及格和不及格五级计分。

6.2.3 虹吸式雨水斗水力特性实验

虹吸（压力）流雨水排水系统为新型的雨水排水系统，课本中重点讲解了重力流雨水排水系统，通过该实验可开拓学生视野，帮助学生了解虹吸（压力）流雨水排水系统的特点。

（1）目的

使学生了解虹吸式雨水斗水流特点及泄流量与斗前水深的关系。

（2）实验装置及设备

1）虹吸式雨水实验装置1套，见图4；

2）超声波流量计1台；

3）潜水泵1台。

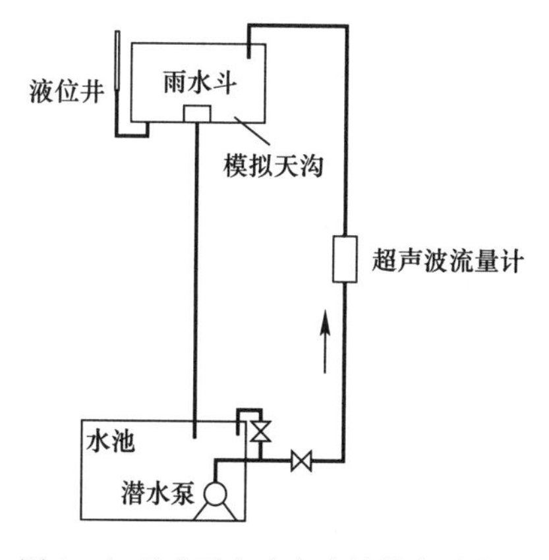

图4　虹吸式雨水斗水力特性实验装置

（3）步骤

1）关闭阀门启泵；

2）缓慢打开上水管阀门，待流量计读数稳定；

3）调整流量至设定值，并稳定数分钟；

4）读液位计读数；

5）重复2)～4）步骤；

6）关闭阀门停泵。

（4）实验成果整理

绘制完成雨水斗斗前水深与流量关系曲线。应利用其他组同学的实验数据，绘制完整斗前水深与流量的曲线关系。

（5）注意事项

1）每组同学分成楼上（屋顶）和楼下两小组，在实验过程中两小组同学应互换，使每个学生都观察到模拟天沟中的水流现象；

2）用阀门调整流量时，同学需耐心，楼上和楼下同学积极配合，认真完成每一组数据的测定；

3）压力传感器为贵重精密仪器需小心安放，避免碰撞。

（6）考核办法

根据学生成果按优、良、中、及格和不及格五级计分。

6.3　实验类型与学时安排

我校“建筑给水排水工程”课程共48学时，其中课堂教学42学时，实验教学6学时。排水管道水力工况实验、卫生器具管道安装与连接实验、虹吸式雨水斗水力特性实验各2学时。其中排水管道水力工况实验、卫生器具管道安装与连接实验为操作性实验，每4个学生一组；虹吸式雨水斗水力特性实验为演示性实验，每12个学生一组。

6.4　实验指导书和实验效果

该课程实验在我校的教学中已连续开设了4届，通过实验学生认识了各种管材、管件及其连接方式，观察到了水流流态及其特点、验证了书本上的理论，通过亲自动手拉近了理论和实践之间的距离，教学效果较好。学生实验情况详见图5：

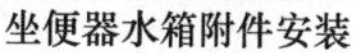

坐便器水箱附件安装

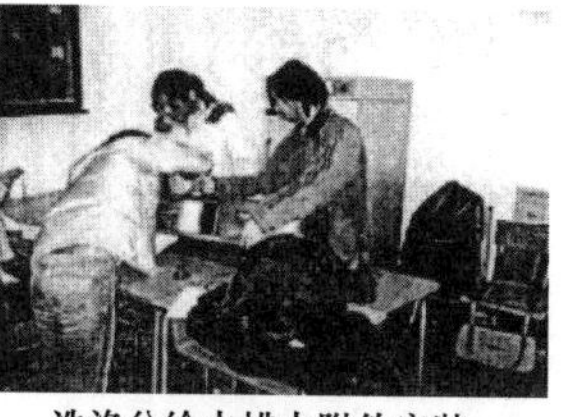

洗涤盆给水排水附件安装

图5　学生实验情况

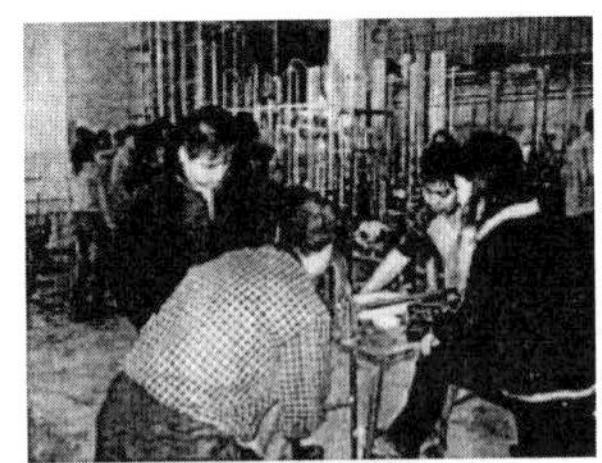

镀锌钢管套丝

排水立管水力工况实验

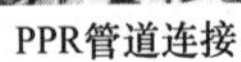

PPR管道连接

铝塑复合管管道试压

图 5　学生实验情况（续）

6.5　小　　结

目前，建筑给水排水工程领域内的新技术、新工艺、新设备不断涌现，作为为社会输送人才的高等院校，必须在建筑给水排水工程的各个教学环节中作出相应调整才能培养出满足社会需求的专门人才。因此，“建筑给水排水工程”课程实验应随着建筑给水排水工程理论和实践的发展而不断更新和完善。

7 “水工程施工与项目管理”课程教学探析

田伟博　张　勤

（重庆大学　城市建设与环境工程学院水科学与工程系，重庆，400045）

【摘要】 “水工程施工与项目管理”是高等工科学校给排水科学与工程专业的一门专业基础技术课程。目前我校所使用教材是2005年1月由中国建筑工业出版社出版发行的《水工程施工》，该教材是在1998年6月出版的《给水排水施工》（第三版）的基础上进行修订。本文就教材应用情况以及教学中的有关问题进行探索与分析，认为教材的使用应根据各校的具体情况进行适当的增减，课程的内容应根据各校专业特色来确定。

【关键词】 教材应用；教学内容；存在问题；教学建议

7.1 前　　言

“水工程施工与项目管理”是高等工科学校给排水科学与工程专业的一门专业基础技术课程，是一门实践性较强的课程。其主要任务是使学生初步掌握水处理构筑物、取水构筑物、各类泵站、室内外管道工程和设备安装的施工方法和使用机具、建筑材料等方面的基本知识和基本技能；使学生能够进行水工程施工组织管理、工程建设项目管理和工程预算等方面工作。为学生毕业后从事设计、施工、运行管理和科研等工作在工程材料、工程施工和工程建设项目管理方面打下基础。

如何上好“水工程施工与项目管理”课程，为学生今后的就业、创业打下基础？笔者结合该教材的使用以及通过对我校给水排水专业学生的“水工程施工与项目管理”的教授工作，将自己的一些切身体会和同行们进行交流。

7.1.1 教材主要内容与实际教学工作中的安排

《水工程施工》教材分为三篇共13章，其中：第一篇（共5章）主要介绍水工程构筑物的施工技术；第二篇（共4章）主要介绍水工程室内外管道施工技术与常用设备安装；第三篇（共4章）主要阐述水工程施工组织与管理、施工组织计划技术、施工组织、设计等有关工程项目管理的基本知识。由于教材所涉及的内容非常丰富，覆盖面较广，为使学生更好地了解和掌握更多的知识，目前我们是将本教材前两篇内容放在课程的计划学时中进行讲授，而把第三篇的内容放在期末，从“生产实习（3～4周）”教学实践活动中抽取14～16学时进行讲授。并尽量压缩第一篇中土方工程和钢筋混凝土工程内容的课时，教学重点放在其余内容上，见表1。

教学内容、知识点及学时建议表　　　　**表1**

基本内容	建议学时数（学时）	讲授知识点	自学知识点	难点
第一篇　水工程施工技术 **第一章：土石方工程与地基处理** 第一节：土的工程性质及分类 第二节：土石方平衡与调配	2	1. 土的组成 2. 砂土的密实度 3. 黏土的状态 4. 土的压实性与压缩性 5. 土中应力及分布 6. 土的抗剪强度与土压力 7. 土方的平衡调度	1. 土的三相比例指标 2. 土的工程分类 3. 土的渗透性 4. 土的可松性 5. 土石方量计算（利用作业）	土的工程性质及分类
第三节：土石方施工 第四节：沟槽与基坑支撑 第五节：土方回填 第六节：地基处理	2	1. 沟槽开挖 2. 开挖机械选用 3. 塌方与流砂处理 4. 支撑设计 5. 支撑施工 6. 回填方法及要求	1. 机械施工 2. 土石方爆破 3. 支撑计算（利用作业） 4. 回填施工 5. 地基处理方法与施工	支撑与回填

续表

基本内容	建议学时数（学时）	讲授知识点	自学知识点	难点
第二章：施工排水 第一节：概述 第二节：明沟排水 第三节：人工降低地下水位	2	1. 排水方法及应用 2. 各种井点的适用范围及施工要点	1. 明沟排水 2. 涌水量计算（可利用作业）	轻型井点
第三章：钢筋混凝土工程 第一节：钢筋工程	2	1. 钢筋混凝土工程 2. 钢筋分类 3. 钢筋冷处理	1. 钢筋连接 2. 钢筋下料计算（利用作业）	钢筋制备与安装
第二节：模板工程	2	1. 模板的支设要求 2. 基础、墙、柱、板、梁模板支设 3. 脱模剂与拆模	1. 定型模板与支承工具 2. 模板设计计算	模板支设
第三节：混凝土的制备及性能 第四节：现浇混凝土施工	2～4	1. 混凝土的分类 2. 混凝土的主要性能 3. 混凝土配合比设计 4. 各工序基本要求	1. 混凝土组成材料要求 2. 主要施工机具及方法	1. 混凝土的主要性能 2. 施工缝的设置要求
第五节：装配式钢筋混凝土结构吊装 第六节：水下灌筑混凝土施工 第七节：混凝土的季节性施工	2	1. 混凝土构件的吊装要求 2. 水下灌筑混凝土施工的基本要求及方法 3. 冬期、雨期施工的基本要求及方法	1. 吊装机械的选择 2. 水下灌筑混凝土施工方法实施 3. 冬期、雨期施工方法实施	
第四章：水工程构筑物施工 第一节：现浇钢筋混凝土水池施工 第二节：装配式预应力钢筋混凝土水池施工 第三节：沉井施工 第四节：管井施工 第五节：江河取水构筑物浮运沉箱法施工	2～4	1. 现浇钢筋混凝土水池施工的要求与措施 2. 装配式预应力钢筋混凝土水池施工的要求与措施 3. 沉井施工概念 4. 沉井施工的基本要求 5. 管井施工的基本要求	1. 现浇钢筋混凝土水池施工措施实施 2. 装配式预应力钢筋混凝土水池施工措施实施 3. 沉井施工工序 4. 管井施工工序 5. 浮运沉箱法施工	
第五章：砌体施工 第一节：砌体材料 第二节：粘接材料 第三节：砌体工程施工	2	1. 粘接材料要求 2. 砌体工程施工要求	1. 材料分类及要求 2. 砌体工程施工工序实施	
第二篇：水工程管道施工技术与常用设备安装 **第六章：室外管道工程施工** 第一节：室外给水管道施工	2	1. 室外给水管道施工工序要求 2. 管道连接方法	室外给水管道施工	管道验收
第二节：室外排水管道施工 第三节：管道的防腐、防震、保温 第四节：管道附属构筑物施工	2	1. 室外排水管道施工工序要求 2. 管道连接方法 3. 管道的防腐、防震、保温方法	1. 室外排水管道施工 2. 管道的防腐、防震、保温方法实施 3. 管道附属构筑物施工	1. 管道验收 2. 管道防腐
第七章：管道的特殊施工 第一节：管道的不开槽施工	3	管道的不开槽施工方法及要求	管道的不开槽施工过程	设计计算
第二节：管道穿越河流施工 第三节：地下工程交叉施工	1	管道穿越河流施工方法及要求	1. 管道穿越河流施工方法实施 2. 地下工程交叉施工实施	

续表

基本内容	建议学时数（学时）	讲授知识点	自学知识点	难点
第八章：室内管道工程施工 第一节：管材与管道连接	2	管材与管道连接要求	管材与管道连接实施	
第二节：阀门与仪表安装 第三节：建筑物内部给水系统安装 第四节：建筑物内部排水系统安装 第五节：卫生器具安装	2	建筑物内部系统管道、器具、阀门与仪表安装基本要求	建筑物内部系统管道、器具、阀门与仪表安装实施要求	
第九章：常用设备及自控系统安装 第一节：概述 第二节：水泵安装 第三节：其他设备安装 第四节：自动控制系统安装	2	水泵安装的基本要求及工序	其他设备及自动控制系统安装	
合计	32～36			
第三篇：水工程施工组织与管理 **第十章：工程项目管理总述** 第一节：水工程项目管理概述 第二节：工程施工招标投标与施工合同	2	1. 水工程项目划分 2. 建设程序 3. 招投标基本概念 4. 工程招标 5. 工程投标 6. 工程施工合同	1. 工程项目管理的分类 2. 施工项目管理的实施	
第三节：施工项目目标控制 第四节：施工项目生产要素管理 第五节：工程建设监理	2	1. 施工项目目标控制的任务和措施 2. 进度、质量、成本、安全及施工现场控制 3. 劳动、材料、机械设备、技术、资金管理 4. 工程建设监理的基本概念 5. 施工监理		
第十一章：工程概算及预算 第一节：概述 第二节：工程定额 第三节：概预算费用	2	1. 概预算的意义与作用 2. 基础、工程及其他定额 3. 预算与概算		
第四节：工程概预算文件 第五节：工程施工结算	2	各阶段经济的区别与要点	1. 投资估算书 2. 设计概算书 3. 施工图预算书 4. 施工预算书 5. 竣工结算书	
第十二章：施工组织计划技术 第一节：流水作业法	2	1. 流水作业参数及表达方式 2. 流水施工基本方式	流水施工的应用	流水施工基本方式
第二节：网络计划技术	2	1. 网络图的基本概念 2. 双代号网络图 3. 单代号网络图	网络图的应用	网络图的基本概念
第十三章：施工组织设计的编制 第一节：概述 第二节：施工现场的暂设工程 第三节：施工组织总设计 第四节：单位工程施工组织设计	2～4	1. 施工组织设计的基本概念 2. 暂设工程的主要内容 3. 施工组织总设计的要求、主要内容 4. 单位工程施工组织设计的要求、主要内容	1. 暂设工程的设计计算 2. 施工组织总设计的编制程序 3. 单位工程施工组织设计的编制程序	
合计：	14～16			

当时安排及当时比例表　　表 2

内容名称		学时数	各章学时占总学时比例	各篇学时占总学时比例
第一篇：水工程施工技术	第一章：土石方工程与地基处理	4	12.5%	56.25%
	第二章：施工排水	2	6.25%	
	第三章：钢筋混凝土工程	8	25%	
	第四章：水工程构筑物施工	2	6.25%	
	第五章：砌体施工	2	6.25%	
第二篇：水工程管道施工技术与常用设备安装	第六章：室外管道工程施工	4	12.5%	43.75%
	第七章：管道的特殊施工	4	12.5%	
	第八章：室内管道工程施工	4	12.5%	
	第九章：常用设备及自控系统安装	2	6.25%	
	合计	32	100.00%	100.00%

为了促进学生掌握“水工程施工与项目管理”方面的知识，设 3～4 周的“生产实习”这一实践环节。

在教学方式上，采用以讲授为主，辅以一定数量的作业练习。作业内容如下，根据具体情况选择。

1）土方工程性质计算；2）土方量平衡计算；3）沟壁支撑计算；4）轻型井点设计；5）钢筋下料长度计算；6）混凝土配合比设计；7）管道水压试验管端支撑计算；8）管道试验漏水量计算；9）单项工程预算编制；10）施工进度编制（横道图或网络图表示）。

水工程施工技术篇采用卷面成绩（80%～90%）+平时成绩（10%～20%）确定。闭卷笔试按百分制记分。水工程施工组织与工程预算、项目建设管理篇纳入“生产实习”中评定成绩。

7.2　本课程在教学工作中遇到的主要问题

7.2.1　在实际教学课时安排上

本课程在我校为专业选修课，一般安排在“大三”第二学期中授课。目前我校该课程计划学时为 32～36 学时，按现在 45 分钟/学时计算，其实际面授时间仅为 24～27 小时，显而易见学时数偏少。考虑学生已选“建筑材料试验”、“给水排水工程结构”等课程，将第二篇授课内容由占原总学时的 38.89%调至 43.75%，第一篇内容由占原总学时的 61.11%调至 56.25%，见表 2。

7.2.2　在与相关课程的安排上

本课程安排在“建筑材料试验”、“给水排水管道系统”、“水泵与水泵站”、“水资源保护与取水工程”、“水工艺设备基础”、“给水排水工程结构”等课程之后。同时，在“水质工程学”、“水工艺设计”、“建筑给水排水工程”等课程同步进行。凡涉及经济、投资、工程概算（不含施工图及施工预算）等内容纳入“水工程经济”课程教学。同时应根据学生对上述课程选修的情况进行区别教学，适当调整课时安排。

7.2.3　学生对实际工程的感性认识不足

在本课程开课之前，学生们只是在“大二”第二学期进行过为期一周的实践教学环节“认识实习”，所以对“水工程施工与项目管理”中的内容了解较浅，这就给实际教学工作增添了难度。因此，采用多媒体与板书结合的教学方式，可增强学生对本课程的理解。

7.2.4　实际工程应用实例偏少

本教材内容中工程实例太少，如：沉井法施工和国内外应用较广的不开槽施工技术等。而在第三篇中有关工程概（预）算和施工组织设计等方面缺乏工程案例的支撑。这些都应在今后的教材修改中予以体现。

7.2.5　其他方面

本教材尚未涉及的内容有：给水排水处理构筑物的防水（密封）问题；工业给水排水中冷却

(凝) 水管道安装及高温高压设备安装问题；目前应用较多的水（火）力发电工程中的给水排水系统安装问题等等。建议各校根据本校的特色在现有教材的基础上补充。

7.3 搞好本课程教学的体会及建议

（1）在实际教学环节中，尽可能多地利用多媒体技术，将相关知识与实际工程实例展示给学生们。同时，尽可能地安排学生去工地现场参观学习，把理论知识与实际工程有机地相结合。

（2）要求学生自学部分内容，并尽可能多地查阅与本课程相关的科技资料，增加其认知度。

（3）在课程的计划安排上，尽量把本课程放于相关的专业课程之后，以增加学生对本课程的学习兴趣。同时，由于第三篇所涉及的工程概（预）算等内容，与本专业“水工程经济”课程关系密切，故在课程安排上尽可能匹配。

（4）由于计划课时相对较少，而实际教学内容又较广泛，所以必须抓紧和搞好“生产实习”的教学实践环节，要求学生们尽可能多地到实际工程的工地现场参观学习。另外，在“生产实习”答辩环节上，首先安排学生介绍自己的实习情况，结合他们在实习中遇到的某些工程中的问题，在课堂上重点评讲。如：有关水池预留孔洞在安装管道后的密封防水问题；管道在穿过建筑物的伸缩缝时应采取的措施等。

（5）对于与本课程重复的内容，对学生们有针对性地指导，并与相关课程老师协商好讲授内容，以避免重复教学。对于本教材未涉及的某些相关知识，根据学生的兴趣和爱好，开展课外答疑或聘请施工单位的技术人员来校办讲座等，尽可能多地让学生们了解和掌握些工程实际问题及国内外的先进施工经验。

（6）建议：增加计划学时数，本课程尽可能安排在相关专业课后进行，并与“水工程经济”先后进行。本教材应尽可能多地纳入工程实例，如此可大大提高学生的学习积极性。

第2篇　专业基础课

8　“城市水工程仪表与控制”课程建设与教学研究

徐金兰　黄廷林　苏俊峰
（西安建筑科技大学　环境与市政工程学院，陕西　西安，710055）

【摘要】 为适应水处理行业自动化控制的高速发展，响应国家培养创新型人才的要求，高等学校给排水科学与工程专业指导委员会要求在专业教学过程中开设相关课程，并把“城市水工仪表与控制”列为专业主干课程。针对这一教学要求，对于“城市水工程仪表与控制”课程的开设、教学内容、提升教学效果的教学方法进行了较为深入的探讨，提出了“明确目标、合理组织教学内容、采用多样化教学方法和手段提升教学效果”的课程建设思路，对“城市水工程仪表与控制”课程体系未来的发展与改革方向提出有益的建议。
【关键词】 城市水工程仪表与控制；教学内容；教学方法

近年来，随着我国水处理建设规模的不断扩大和处理出水水质标准的进一步提高，自动控制理论及技术的应用更加深入，水工程仪表控制数量及管理信息成倍增加，致使水厂自动控制体系设计日趋复杂。与此同时，网络技术开始应用于水厂的自动控制，涌现出了以太网供水远程控制体系及污水处理远程 GPRS 监控体系等新型网络控制技术，水工程仪表控制体系更加复杂。本文按照创新型人才模式要求，针对给排水科学与工程专业本科生的知识结构，探讨水工程仪表与控制课程的设置、建设及优化问题。

8.1　明确专业目标、增设“城市水工程仪表与控制”课程

给排水科学与工程专业的毕业生主要从事城市给（污）水厂、城市给水排水、工业给水排水及建筑给水排水方面的设计、管理、建设及研究工作，其基本任务是安全供水、控制水污染及合理利用水资源。仪表是水厂的重要组成部分之一，承担处理水量、处理水质及投加药量的控制工作，仪表控制系统是水厂的“心脏”，其在水厂安全供水、控制水质中起着非常重要的作用。在原培养计划中除水工艺设备与基础课程中含有少量设备相关的仪表介绍外，几乎没有与水工程仪表控制相关的课程，为适应现代水厂智能化、网络化、复杂化的需要，高等学校给排水科学与工程专业指导委员会将该课程划为核心课程，我校是首批增设“城市水工程仪表与控制”课程的四所高校之一。

8.1.1　课程简介

“城市水工程仪表与控制”课程内容多、涉及面广、经验性和实用性强，注重工程能力的培养，是一门应用面很广且发展很快的课程。为适应现代水厂智能化、网络化、复杂化的需要，该课程成为培养现代水工程设计、研究、管理、运行及施工等领域合格人才的重要课程。随着科学技术的进步，水厂、泵站的自动化控制水平的提高，该课程内容不断扩充和更新，是响应国家节能、节水、低碳环保的必修课程。

8.1.2　课程任务和性质

“城市水工程仪表与控制”是运用自动控制原理，并结合水工程仪表、仪器的特点，对水质、水量进行自动控制。其任务是设计和管理 pH、温度、浊度、溶解氧等水质指标的自动控制系统。可见，只有将水工程仪表与控制作为给排水科学与工程专业的一门主干专业课，使学生了解与城

市水工程有关的仪器仪表和自动化的基本知识，以及自动化技术在城市水工程中的各种应用，才可能培养出创新型给水排水工程卓越技术人才。该课程应着重介绍自动控制基础知识、城市水工程自动化常用仪表与设备、泵及管道系统的控制调节、给水处理系统控制技术、污水处理厂的检测等。

8.1.3 课程教学要求

为了满足正确设计和管理水厂水质自动控制系统的要求，“城市水工程仪表与控制”课程着重阐明各种仪表、水泵的控制方法，对给水厂和污水厂的自动控制系统设计内容有比较充分的论述，有利于进行合理设计及培养学生的创新能力；教材中有明确的自动控制设计方法和实用设计步骤，力求做到能具体应用；每章有水厂自动控制设计实例，课后有习题等内容，有利于初学者掌握基本概念和设计方法。先行课程有“水工艺设备与基础”、“给水排水管网”、“水泵与水泵站”及“水质工程学”。

8.2 结合课程特点，组织教学内容

8.2.1 课程特点

水工程仪表与控制作为给水排水专业本科生的基本技术专业课，有以下几个特点：

（1）与时俱进。水工程仪表与控制与实际水厂水质标准、自动化控制要求、仪表、仪器使用等密切相关，随着科学技术的发展，供水安全性要求有所提高，国家加大了对水厂自动化控制的要求，科学节能地管理水厂与水厂仪表自动化系统密不可分，这就要求在介绍传统控制体系的同时，相应增加远程控制、遥感控制等新体系，而在介绍常用仪表、仪器基本性能的过程中融入新仪器、仪表的相关内容。

（2）内容多，涉及面广。课程内容涉及自动控制理论和水处理理论的相关内容。其中既有仪表设备构造，又有电气设计；既有水质控制模型，又有计算机控制管理模型；既有设计原理的通用性，又有各专业的规范要求。因此，在课程中应该合理安排教学学时，有针对性地解决重点难点问题。

（3）难度大，经验性强。本课程涉及自动控制的知识较多，对给水排水专业的学生而言是“跨专业、跨学科”，这些摸不着、看不到的控制系统，学习起来抽象难懂、枯燥乏味。加之仪器、仪表更新换代快，水厂自动化控制程度逐年提高，进一步加大了该课程学习的难度。

8.2.2 教学内容安排

“城市水工程仪表与控制”课堂教学课时为24学时，分为课堂讲授、多媒体课件演示、讨论和习题设计课等教学环节。其中课堂讲授主要讲授基础知识，重点讲解课程要点和难点；多媒体课件主要演示 pH、溶解氧、余氯等测定分析仪表，水泵、流量计等。介绍学科前沿及最新研究进展，介绍国家水质标准的背景知识和资料，并及时把一些最新研究成果引入课堂教学中；穿插较多的课堂讨论与习题课，提出问题供学生思考讨论，培养学生独立思考、独立获取知识的能力，加深对课程内容的理解。在教材选用上，考虑到给水排水专业的特点，采用崔福义、彭永臻教授编著的《给排水仪表与控制》，体现少而精的原则，突出重点、讲清难点，结合具体水厂自动控制系统的应用，着重讲思路、讲方法，帮助学生对一些重点和难点的理解[1]。水工程仪表与控制课程内容体系结构分为基础知识、技能训练和综合应用三个知识模块，其相应内容及学时安排见表1所示。

水工程仪表与控制分章要点及学时分配[2] 　　表1

名称	要点	学时分配
第一章　自动控制基础知识	自动控制系统的作用与构成，自动控制系统的调节规律，计算机控制系统概述	8学时
第二章　城市水工程自动化常用仪表与设备	常用过程参数检测仪表、过程控制仪表及执行设备的基本原理与应用	6学时
第三章　泵及管道系统的控制调节	调节的内容与意义，水泵的调速控制，恒压给水系统控制技术	6学时
第四章　给水处理系统控制技术	混凝投药工艺的控制技术，滤池的控制技术，水厂自动监控系统	2学时
第五章　污水处理系统的参数检测与控制	污水处理厂的检测项目与取样，污水处理厂常用的检测方法与仪表设备，监视控制方式与项目的选择	2学时

8.3 更新教学内容，改进教学方法

课堂教学是教学活动的重要环节，课堂教学效果的好坏，在一定程度上决定着教学质量的高低，因此，及时更新和优化教学内容，改进教学方法，是提高教学质量、组织好教学活动的前提和保证。

8.3.1 及时更新教学内容

随着新技术、新工艺、新材料的不断涌现，水工程仪表、仪器更新换代速度很快，必须及时地更新教学内容，优化和整合教学内容。如玻璃电极式 pH 计，普通浊度仪、溶解氧分析仪等分析仪器被灵敏度高的分析仪器替代，这些内容在实际应用中不再采用，属于淘汰内容，而一些最新的仪表仪器如在线 pH 计、在线溶解氧仪、变频调节水泵、超声波流量计等，要多介绍一些，以拓宽学生的知识面，激发学生的学习热情。

8.3.2 教学方法和手段应多样化

根据“城市水工程仪表与控制”课程的特点，从学生认知、能力构成的规律上，科学地编排整个教学过程。改进原有单一的教学方法，探讨一套适合课程特点的教学方法。改变传统的填鸭式教学方式，以启发式、讨论式培养学生进行独立思考，解决问题的能力。合理采用各种不同的教学方法，增大水工程仪表与控制课堂信息量，提高学生学习的兴趣，调动学生学习的积极性，开拓学生思路。在课堂教学中，我们采用了下述教学方法：

（1）注重课堂教学内容的逻辑性和科学性

在课堂讲授时，应注意各部分内容之间的内在联系，从上一部分内容自然过渡到下一部分内容，使学生思路清晰，易于掌握。注重知识基本点、重点、难点和方法的讲授。在教研室集体备课中，强调课堂教学的内容不一定和课本上的内容完全一样，应是把课本上的内容提炼出来讲给学生。要求教师把基本的、重要的、困难的知识点讲述清楚，让学生掌握方法并能举一反三。要求教师讲课时一定要有重点，重点要简明扼要，易于掌握。

（2）启发式教学方法

启发式教学又名问题教学法，就是在课堂上提出问题，让学生思考、回答，从而掌握教学内容的一种教学方法。它有利于调动学生学习的积极性，培养学生独立思考问题、分析问题、解决问题的能力。启发式教学最重要的是引导和启发学生思考，并给学生留出充分的思考空间。为此，要求教师按照“提出问题→分析问题→解决问题→结论和讨论”的思路，组织好课堂教学。

（3）互动教学方法

实行教学互动，要求教师和学生之间要有对话和交流，同时学生对老师提出的问题要有响应。实现教学互动，首先要发挥教师在课堂教学中的主导作用，要求教师精心设计教学过程中不同阶段能够启发学生思考的问题。其次是要尊重学生在教学活动中的主体地位，使学生对老师提出的问题有所响应，要积极地去思考问题和回答问题。在互动教学中，教师要善于引导学生思考。

教学手段的改革应注重实效，不应走形式：注意从学生认知、能力构成的规律上，结合给水排水专业特点，科学地编排整个“城市水工程仪表与控制”课程教学过程，进行现代化教学手段的应用，开发内容丰富的多媒体课件、让这门课程成为一个整体，增大课堂信息量，提高学生学习兴趣，调动学生学习的积极性、活跃课堂气氛、开拓学生思路。

同时鼓励学生业余时间开展学习活动，收集仪器、仪表的有关信息，新仪器仪表的发展动态、科研论文，使学生掌握科学发展状况，有利于他们掌握到最先进的仪器仪表控制知识。解决教材内容滞后于科学发展所带来的问题。根据不同的教学内容，我们采用了下述一些教学手段：

（1）传统的教学手段

传统的教学手段即黑板和粉笔。对于教学内容中的重点和难点问题，采用板书方式，引导学生思考，参与具体推导过程，加深理解。

（2）多媒体课件演示

采用预先制作含有实际水厂自动控制仪表、仪器的动画、视屏及方框图的多媒体课件进行演示，引导学生进行形象思维，加深对基本概念的理解，克服课本知识抽象、不直观、学生学习困难的问题。其次，在多媒体课件中增加新型仪器的外观图片、测试原理及优缺点等，弥补有限的教材内容。

（3）自学和讨论

对于非重点、难点和描述性等内容，要求学

生通过阅读教材、做思考题和习题来完成，或通过网络课件完成。自学效果通过讨论、提问、批改作业等方式予以检查。

8.4 结　　语

本文通过对“城市水工程仪表与控制”课程的教学建设和实践的总结与反思，针对该课程性质、特点、内容整合、授课方法作了分析，提出了“明确目标、合理组织教学内容、采用多样化教学方法和手段提升教学效果”的课程建设思路，对“城市水工程仪表与控制”课程体系未来的发展与改革方向提出有益的建议。

参考文献

[1] 邓洁，张伟．给排水工程专业毕业设计实践与改革探索［J］．重庆大学学报，13卷增刊2，2007，103-105.

[2] 崔福义，彭永臻．给排水工程仪表与控制［M］．北京：中国建筑工业出版社，2002.

9 提高“水工艺设备基础”课程教学质量的探索与实践

严子春
（兰州交通大学　环境与市政工程学院，甘肃 兰州，730070）

【摘要】“水工艺设备基础”是给排水科学与工程专业本科生的一门专业基础课。为提高教学质量，根据课程之间的衔接关系，对课程进行了合理的安排，教学中明确教学重点和难点，并积极进行了教学方法和手段的改革。实践结果表明以上方法和途径可有效提高教学质量。

【关键词】 水工艺设备基础；教学质量；教学改革

“水工艺设备基础”是给排水科学与工程专业根据学科发展需要开设的一门专业基础课[1]。随着给水排水工程领域中新技术和新设备的不断出现，从事给水排水工程的专业技术人员必须加强对水工艺设备的制造、设计和运行管理等基础知识的掌握。通过本课程的学习，使学生全面了解水工艺设备的常用材料；熟悉水工艺设备的制造、设计、工艺特点和适用条件等基础知识；掌握设备材料腐蚀防护的基本原理和容器应力理论，为学生今后从事工程设计、生产施工、设备维护、技术管理等各项工作打下扎实的专业理论知识基础。

兰州交通大学自 2003 年开设“水工艺设备基础”课程以来，给水排水系教师和该专业学生普遍认为该课程非常重要。为贯彻教育部对本科教学实行宽口径、厚基础的人才培养方针，在学生培养计划修订中虽然对“水工艺设备基础”课程性质和教学课时进行了多次调整，但仍对每级学生坚持开设该课程。笔者从 2004 年开始，参与了给排水科学与工程专业各级本科生的培养计划制定，并多次主讲“水工艺设备基础”课程，以下是对课程安排和教学改革的一些体会。

9.1 适时安排课程，注重与基础课、理论课和实践环节的衔接

合理、有序并系统地安排好给排水科学与工程专业各门课程及各个教学环节，对于稳定教学秩序、提高教学质量具有重要意义。

《水工艺设备基础》的内容分为基础知识篇和水工艺设备篇，教学时间安排应注重与基础课、理论课和实践环节的衔接。根据我校给排水科学与工程专业培养计划，“基础知识篇”涉及的基础类课程有“物理化学”（含无机化学）、“工程力学”、“流体力学”等；“水工艺设备篇”涉及的课程包括“泵与泵站”、“水质工程学”、“给水排水管道系统”、“建筑给水排水”、“水工仪表与控制”等，“水工艺设备基础”课程应安排在以上基础课和专业课教学之后。根据以上课程之间的衔接关系，我校将“水工艺设备基础”安排在第八学期前三周。

课程安排应考虑该课程与教学实践环节之间的关系，提高后续实践环节的教学效果。与“水工艺设备基础”相关的教学实践环节包括毕业实习和毕业设计，给水排水生产实习紧随“水工艺设备基础”安排在第八学期第四周和第五周，其后为 13 周的毕业设计阶段。这样的教学安排不仅能够使学生在实习中巩固加深所学的基础理论、基本技能和专业知识，而且能够细致入微地了解各种水工艺设备，可以在随后的毕业设计中得心应手地进行设备选型。

9.2 明确教学重点和难点，适当拓展教学内容

《水工艺设备基础》教材内容比较全面和系统、知识面广，而我校课程教学时数仅为 24 学时，为保证教学效果，教师必须在教学中分析教材内容，在保证课程教学内容完整的基础上，突出重点、解决难点，不可主次不分、平铺直叙，也不可避重就轻、本末倒置。

对于水工艺设备理论基础的教学，根据教学大纲和教材内容分析，本部分的重点是使学生掌握与水工艺设备设计、制造有关的容器应力理论机械传动方式与特点，而容器应力理论是难点之一。针对容器应力理论部分的教学，首先通过回转曲面讲述第一曲率半径和第二曲率半径等基本概念，而后通过薄膜应力分析得出径向薄膜应力和环向薄膜应力的计算式，进而根据这两个计算式推出圆柱壳、球壳、椭球壳和锥形壳的应力计算式，推导至此，从中可以看出不同形状的内压薄壁容器的应力大小不同，壳体不同部位应力大小不同，见表1。通过层层深入，学生也就理解了这部分知识的重要性，如根据容器应力理论分析设备受力情况，指导水工艺设备设计、制造。该教学过程从素质教育的要求出发，注重基本概念，不追求繁琐的理论推导与繁琐的数学运算，重在让学生理清思路，化难为易，更快、更牢地掌握设备最基本的知识，难点问题也就迎刃而解；另一方面可通过具体的例题分析，加深学生对于重点和难点的理解和掌握。

薄壁容器应力比较 **表1**

薄膜应力	圆柱壳	球壳	椭球壳	锥形壳
径向薄膜应力	$\sigma_m=\frac{pD}{4\delta}$	$\sigma_m=\frac{pD}{4\delta}$	$\sigma_m=\frac{p}{2\delta}\cdot\frac{\sqrt{a^4y^2+b^4x^2}}{b^2}$	$\sigma_m=\frac{pr}{2\delta}\times\frac{1}{\cos\alpha}$
环向薄膜应力	$\sigma_\theta=\frac{pD}{2\delta}$	$\sigma_\theta=\frac{pD}{4\delta}$	$\sigma_\theta=\frac{p}{\delta}\cdot\frac{\sqrt{a^4y^2+b^4x^2}}{b^2}\cdot\left[1-\frac{a^4b^2}{2(a^4y^2+b^4x^2)}\right]$	$\sigma_\theta=\frac{pr}{\delta}\times\frac{1}{\cos\alpha}$

近几年，随着污水处理技术迅速发展，不断涌现出新理论、新技术，水工艺设备技术发展较快，而高校教材内容在这些方面明显滞后，教材内容更新并没有完全跟上，因此，教师要顺应这一趋势，在备课时查阅大量课外资料，关注水工艺设备的前沿动态，适当拓展教学内容，及时向学生传授最新知识，补充最新设备制造理论与技术，借此缩小教材与实践技术的差距，拓宽学生的视野，增强学生的学习兴趣，工作后能适应社会需求[2]。

9.3 积极进行教学方法和教学手段改革

“水工艺设备基础”课程与工程实践联系密切，要达到提高学生的兴趣、增强学生对教学内容的理解、提高学生的能力等效果，要在教学方法和教学手段上下功夫。灵活运用多种教学方法，合理利用多媒体课件，理论联系实际，注重实践教学和毕业设计等是提高教学效果的有效途径。

9.3.1 把握教师的教学主导作用，灵活运用多种教学方法

“水工艺设备基础”在教学中应提倡教与学并重，要求教师讲好课的同时，注重调动学生听课的积极性，在课堂教学中适时采用启发式、讨论式、查阅文献式教学方法，达到良好的教学效果。通过灵活运用多种教学方法，一方面教师能够准确掌握学生的学习情况，便于及时改进教学；另一方面，改变灌输式传授知识的方式，激发学生的学习兴趣和创新意识。例如在水工艺设备的腐蚀、防护的教学中，其基本原理比较简单，重在让学生在掌握原理后根据具体情况使用适当的设备腐蚀防护技术。因此，笔者设置了一些问题让学生思考并进行讨论，如“给水排水管道采用的防腐蚀技术有哪些？为减轻锅炉腐蚀，保障工业锅炉安全的安全运行，可采取哪些技术措施？污水处理中水下设备如何防蚀?”等问题，通过学生的积极思考、主动学习后，教师进行总结，学生会对设备选材、防蚀结构设计、电化学保护、设备环境介质的控制等设备防腐蚀的方法和途径留下深刻影响。对于水处理设备新材料日新月异的变化，而教材内容更新不可能完全跟上，针对存在的这种问题，安排学生课后查阅文献，整理完成课程作业，计入平时成绩考核。

9.3.2 充分利用各种教学手段，合理使用多媒体课件

“水工艺设备基础”的工程实践性强，“水工艺设备篇”的教学仅靠传统教学法远远不能达到

教学目的，因此需充分利用各种教学手段，合理使用多媒体课件。

（1）使用直观教具、Flash动画、图片等进行直观教学

进行直观教学离不开一些直观教具，如教学模型、实际的小型水处理设备构件等。笔者所用的一些直观教具多是在参加水处理设备展览会时收集的，包括给水排水管材、长柄滤头和曝气装置等，见图1和图2。教学过程中让学生传看这些小设备和材料，帮助了解其结构、性能等。另外，给水排水实验室的大量教学模型也是非常好的直观教具，部分教学内容可以到实验室结合教学模型进行讲授。利用上述设备、材料可以将教材内容生动、具体、形象地展现在学生面前，提高教学效果和质量。

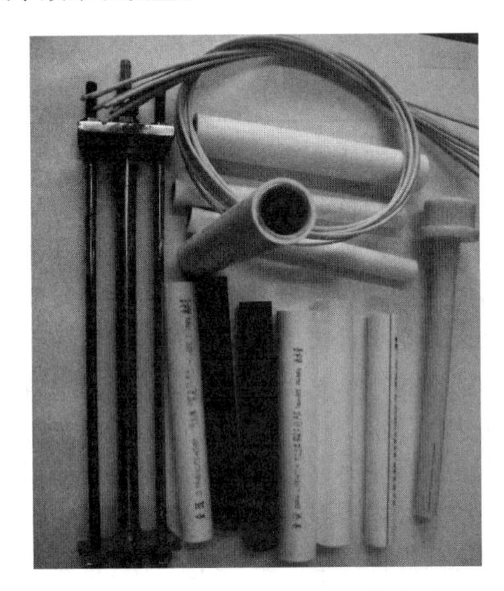

图1　长柄滤头、管材等直观教具

图2　接触氧化池教学模型

利用Flash动画能够很好地展现设备的构造、工作过程，是进行直观教学的有效途径。对于水工艺设备基础的任课教师，不一定自己要制作Flash动画，若有经费可以通过购买专业公司制作的Flash动画素材，其内容较全；另外，也可以在互联网上搜索下载到大量水工艺设备的动画、图片。笔者在教学中使用了我院购买的北京某仿真公司制作的给水处理素材库、污水处理素材库中的许多Flash动画，以及自己拍摄和来自网络的大量水处理设备动画和照片，见图3和图4。将以上素材用于教学可增强教学的生动性，提高学生学习兴趣，学生乐于接受。

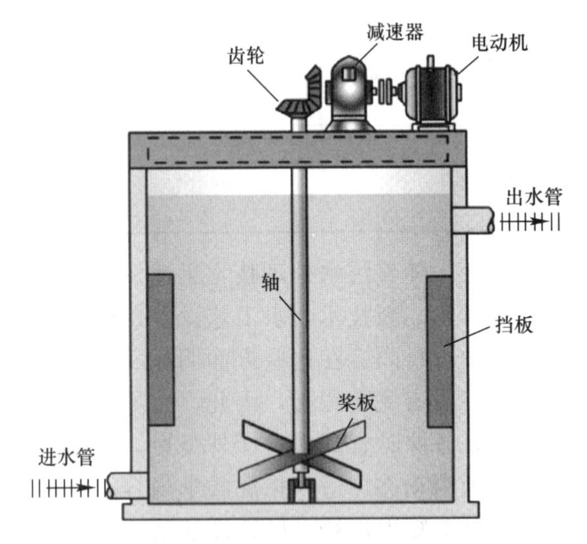

图3　机械搅拌混合（Flash截图）

图4　曝气转碟

（2）使用视频资料制作多媒体课件

随着多媒体的发展，水工艺设备基础教学过程非常有必要引进多媒体教学手段，提高教学效率和教学质量。例如在机械制造工艺的教学中，利用传统教学法对未参加过实际生产的学生讲解机械制造工艺会比较空泛，教学缺乏生动性，无

法使专业理论紧密联系实际；而多媒体教学可以通过提供直观的感性材料，克服时间和空间的限制，使一些工艺变成具体的可观察画面，给学生以身临其境的感觉，配合音频中专业的讲解，学生对该部分专业知识的理解、掌握非常容易。笔者从不同途径搜集到了多段视频，如金属加工（包含自由锻造、轧制、薄板冲压等）、铣削与铣床、内圆磨削和平面磨削等（视频截图见图5和图6），碟式反渗透膜处理垃圾渗滤液（重庆长生桥垃圾填埋厂）、超滤膜应用等，用于教学效果良好。

图5　自由锻造（视频截图）

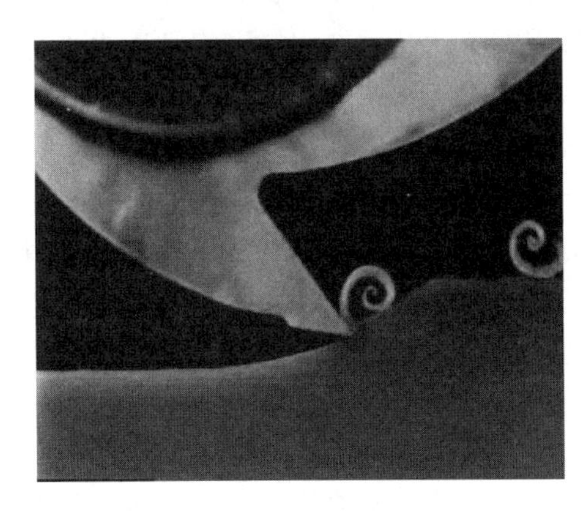

图6　铣削（视频截图）

9.3.3　紧密结合实践教学环节，巩固知识、学以致用

教学实习是教学的一个重要环节，也可视为加强课程教学效果的一个手段。我校“水工艺设备基础”课程结束后，第二周给水排水毕业实习开始，学习该课程后学生不会把实习只停留在参观相关水处理构筑物，水工艺设备也是重要的参观学习内容，同时也是毕业实习报告的考核内容。在这样的学习过程中，学生能够在实习中巩固加深所学的基础理论和专业知识，而且能够细致入微地了解各种水工艺设备，可以为随后的毕业设计做准备，得心应手地进行设备选型，确实做到学以致用。

9.4　结论与建议

笔者同我院给水排水系同事在“水工艺设备基础”课程安排、针对重点和难点的教学以及在教学方法和手段改革上进行了一些探索和实践，对提高教学质量成效显著。另外，建议在水工艺设备篇中增加一些较重要设备类型，如曝气设备；加强水工艺设备选型原则和方法的教学内容。以上只是点滴教学体会，还应继续深入研究教材，向前辈和同仁学习，不断提高自身教学水平。

参考文献

[1]　黄廷林. 水工艺设备基础［M］. 北京：中国建筑工业出版社，2002.

[2]　熊家晴，黄廷林，任瑛. 给水排水专业水工艺设备基础教学方法研究［J］. 高等建筑教育（增刊），2005.

10 “水工艺设备基础”课程设置及实践教学的探索

王俊萍　黄廷林　卢金锁

（西安建筑科技大学　环境与市政工程学院，陕西 西安，710055）

【摘要】“水工艺设备基础”是给排水科学与工程专业为适应新的课程体系改革而设的一门主干课程。我校于2002年开设，至2009年已有7年的教学实践。本文是笔者基于近几年的教学管理经验和制定培养计划的体会，结合专业和该课程的实践教学整合，对该课程的设置和改革情况作了分析，并对该课程与实践环节的整合方面作了阐述。

【关键词】 水工艺设备基础；课程设置；实践教学

10.1 前　　言

随着我国和世界科技的迅速发展，新兴学科、边缘学科和高新技术层出不穷，信息量大爆炸且信息传递的速度在加快，尤其是在全球性的水污染严重等问题突出的背景下，给水排水工程的主要矛盾由水量问题转移到以水质矛盾为主。同时，在经济体制转轨的改革大潮中，学生思想活跃、思路灵活、自主独立和自我设计的欲望增强，社会对人才素质要求的提高等诸方面都迫使给排水科学与工程专业的课程体系必须进行深入的改革。

在这种形势下，我校给排水科学与工程专业的教学队伍历经多年的教学研究，对专业主干课程“水工艺设备基础”进行了整合的探索和实践，并取得了经验和成效。笔者从该课程的设置变化与实践环节的改革方面浅谈一下体会。

10.2 课 程 设 置

10.2.1 课程设置背景

根据社会的发展和技术的进步，及时调整课程设置和课程内容，是目前各个学科发展面临的紧迫问题，也是教育教学改革的一项重要内容。现行的给水排水专业不断引进高新技术，正朝着设备化、信息化、自动化的方向发展，水处理设施已由过去的土木型为主，逐渐地增大设备投资的比重，特别是中小型设施更为明显。经过全国高校给排水科学与工程学科专业指导委员会和众多专家的多次讨论，于2000年确定设置一门新课程“水工艺设备基础”。

10.2.2 课程设置目标与要求

“水工艺设备基础”是给排水科学与工程专业的一门主干专业基础课。通过本课程的学习，使学生系统地掌握与水工艺设备的制造、设计、运行管理等有关的基本知识，了解常用水工艺设备的基本结构、工作原理和工艺性能，使学生初步具备水工艺设备开发、设计、选型和运行管理的素质与能力[1]。

对该课程的要求是了解常用材料、常用水工艺设备的分类、基本原理、典型构造、工艺特点及其适用条件；熟悉与水工艺设备设计制造有关的机械传动与制造工艺、结构力学、传热学等方面的基本知识；掌握水工艺设备常用材料的种类及其物理、化学、力学及机械等方面的基本性能及腐蚀防护基本原理与方法；从而能够为水工艺设备的开发、研制或改进提出工艺、材料、结构等方面的要求，并能够根据工程及工艺要求，选择适宜的设备（器材）类型。

10.3 课程设置的改革

10.3.1 与其他课程的关系

与本课程相关联的专业基础课和专业课包括“水力学”、“工程力学”、“无机化学”、“有机化学”、“电子电工学基础”、“城市水工程概论”、

"给水排水工程结构"、"水工程施工"、"水质工程学"、"建筑给水排水工程"等。本课程应安排在"水力学"、"工程力学"、"无机化学"、"有机化学"、"电子电工学基础"、"城市水工程概论"、"给水排水工程结构"课程之后，并可与"水质工程学"、"建筑给水排水工程"等同时或后期讲授。

10.3.2 该课程设置的改革

"水工艺设备基础"是给排水科与工程专业的选修专业基础课程，几乎覆盖到了教学体系中各门学科，是一门多学科交叉课程。

（1）初期设置状况

我校多位教师经过2年的充分准备，编写出版了全国统编教材，于2002年开始为给水排水专业99级本科生开设该课程，并每年开设，至2009年已进行了7届的教学实践。在开始的3届，授课学时安排为36学时，开设时间在第6学期。这种课程设置的原则是考虑了"水工艺设备基础"的内容多，并为专业的基础课，要求学生具备一定的化学、力学、电工电子学等基础知识，而这些课程大都在第6学期前设置，另外阐述水工艺的"水质工程学"和部分建筑水工程设备的专业知识则在其后的第7学期开设。

（2）适应改革趋势，减少授课学时

后来，为适应高等教育改革的"厚基础、宽口径"，即加强基础教育，减少专业课，增加选修课和拓宽专业。我校给排水科学与工程专业在修订培养计划过程中，多次进行讨论，确定将现有的专业基础课和专业课程均压缩一定的学时，并增加一些实用的工程类选修课程，从而"水工艺设备基础"也由36学时调整为32学时，并一直沿用至今。一方面，压缩的学时可以给学生提供选修其他课程的机会，从而拓宽专业、增强技能；另一方面，因其要求学生熟悉和掌握的知识内容多，需要足够的学时，不能压缩过多，而且32学时也符合学时模块比例（16学时/学分，刚好2学分）。

（3）结合相关课程，调整开设时间

"水工艺设备基础"具有涉及学科多、覆盖范围广、标准资料多、设备及构筑物图片和机械设备图片多、工艺设备的结构特点抽象难解等特点。如何合理地设置和安排这样的新课？在专业和本科的评估过程中，教研室多次组织授课教师与相关课程教师进行讨论。首先，为合理安排学时，不断地与其他课程的授课教师沟通，可将其他课程提到的相关内容列为不讲或简单提及，例如"水质工程学"中的腐蚀内容和"建筑给水排水工程"中涉及的"换热设备"等等；其次，虽为专业基础课，但其中有相当一部分内容涉及水工艺知识，如果该课程安排在"水质工程学"前面，授课教师就要花一定的课时先讲工艺，这时的工艺讲授也远不及"水质工程学"课堂上传授的理论系统和扎实，为了合理高效地利用课堂授课，最好将该课程安排在"水质工程学"后教授。再者，通过该课程的学习，使学生初步具备水工艺设备开发、设计、选型和运行管理的素质与能力，所以该课程又需要安排在水厂和建排课程设计的前面。从上述的分析看，结合专业课程体系改革，将原来的第6学期"给水工程"和第7学期"排水工程"合为"水质工程学"，并开设于第7学期的情况，我校现将"水工艺设备基础"设置于第7学期的"水质工程学"后面且在水厂、建排课程设计前面进行。

10.4 课程与实践环节的整合

10.4.1 通过校外实习，增强认识、加深理解和应用

按照专业的培养计划，在认识、生产和毕业实习的实践环节中，组织学生到校外的水厂、水处理站、建筑现场等实习基地进行实习、参观考察。

通过在本市实习基地进行的认识实习，使学生能够初步认识给水处理工艺、排水处理工艺、建筑给水排水系统的构成，了解与给水排水工程有关的设备、装置、器材、管材以及相关的施工机具，为后续的专业课学习奠定基础。值得一提的是，根据多年的教学经验和高等教育改革的趋势，并结合我校部分课程的调整，将认识实习由第6学期提前到第2学期，安排在"城市水工程概论"后面进行。这样的调整，一方面使学生较早了解所学专业的范畴和意义，做好学习专业课程的准备，另一方面提供配套的感性认识，激发学生的学习兴趣。

生产实习多在外地，以工业水处理为主，要求学生掌握所参观的城市与厂矿企业的各种水处

理工艺的流程，掌握各类处理构筑物的结构及特点，掌握相关水处理设备的性能特点及参数，掌握相关处理工艺的运行经验和特点。掌握建筑给水排水系统的分类、组成、管线布置、设备性能与特点，掌握给水与排水管道系统的功能、组成与布置特点。生产实习多安排在专业课后面和工艺课程设计前面，一方面加深和巩固本学科专业知识，进一步认识许多工艺设备的原理和应用，另一方面可以为后面的设计环节做好准备。

毕业实习应结合毕业课题有针对性地分别进行，主要为毕业设计收集和熟悉资料作准备工作。我校的毕业课题总体有三种类型：水处理厂工艺设计、高层建排设计和实验研究。毕业实习通常在毕业设计（论文）之前或之间进行，让学生进一步熟悉工艺和设备以及工艺运行管理方面的知识内容，为设计的选型、选材等做好充分而扎实的基础，也能够真正体现学以致用的效果。

10.4.2 结合校内金工实习，提高学生的动手能力

结合专业培养方案，与校内金工实习点配合，于第5学期安排学生在校金工车间进行观摩和动手制造简单机械零件。该环节的内容包括：请工人师傅演示操作各类机床工作；学习机械零件图的识读；熟悉常用测量工具、仪表的使用；与指导教师沟通，设计部分与本专业设备相关的简单零件或机械让学生动手加工机械零件。此环节的设置，既初步培养了学生在机械加工方面的动手能力，又加深了对专业设备的理解，从而激发学生新的学习兴趣。因此，金工实习教学是水工艺设备学习必不可少的重要实践环节。

10.4.3 进行开放性和设计性的综合设计实验，提高学生的知识应用与创新能力

面对知识经济时代的知识创新和科技创新的要求，高等教育必须从传授知识教育观转变到以培养学生的知识能力和提高他们的素质相统一的教育观上，加强学生创新意识和创新能力的培养[2]。在“水工艺设备基础”开课伊始，就布置一些大作业，让学生自己思考、搜集资料、自己设计，并可到实验室自行加工简单的设备模型，要求学生在结业考试前完成，最后以完成的成果给予指导和评定以及最终成绩的加分。通过自主和创造性设计一种设备模型，在一定的实验条件和范围内，完成从实验设计到亲自动手操作全过程，使学到的基础理论知识与实践的感性认识更好地相结合，最终达到提高学生发现问题、分析问题和解决问题的能力和树立严谨的科学作风与创新精神的目的。通过水工艺设备基础设计性实验教学模式，学生对该课程的学习积极性有了很大提高，学生对该课程设计性实验十分满意，认为现在的实验让他们自主查阅资料、自行设计实验方案与过程能帮助他们充分发挥自己的才能、展示自己的才华。

10.4.4 参与科研工作和创业设计，培养综合素质，适应人才需求

现代工程技术已成为由研究、开发、设计、制造、管理、营销等多环节构成的系统工程，不仅需要对课程进行整合，加强学科间的融合，还要重视培养学生的思维创新能力和综合素质，以适应新时代下对复合型人才的需求。为了进一步培养学生的综合素质，学院利用自身的科研优势，吸纳部分本科生参与教师的科研工作，同时在科研转为生产的过程中指导部分学生进行创业设计，进而参加创业计划大赛，并取得了佳绩。如由给水排水05级2名学生参与的作品——“西安碧洋环保设备有限公司”，立足环保行业，将我校拥有的专利技术——生物造粒流化床，进行了污水处理设备化的概念设计及市场营销策划。该项创业设计荣获第十四届“粉体杯”暨第十届“中星杯”西安建筑科技大学大学生创业计划竞赛一等奖；并推荐参加第四届西安高新“挑战杯”陕西省大学生创业计划竞赛，获得金奖。另一作品——“西安海通阀门有限责任公司”，在消化了我校专利产品——新型无堵流量调节阀技术的前提下，以环境学院为技术研发基地，研发出系列阀门产品，建设阀门生产加工厂，提出开发整个国内市场的详细策划方案。该项创业设计荣获西安建筑科技大学第十四届“粉体杯”暨第十届“中星杯”大学生创业计划二等奖，推荐参加省级创业计划大赛，获得银奖。

通过学生对科研工作的参与和新型设备的了解到熟悉以及对新设备的市场营销和管理的创业设计，既培养本科生从事本专业实际研究工作的

初步能力，启发学生的钻研精神，加强创新意识，又结合市场需求，开拓学生视野，开发其潜能，为学生将来更好地就业开了一条新路。

10.5 结　　语

通过我校近几年的给排水科学与工程专业培养计划的制定、课程设置的改革以及相关实践教学环节的整合，使得“水工艺设备基础”这门新课更易于讲授和学习，同时也不断增强了该课程的实践应用性，从而能够更加顺应时代需求，培养出具有创新能力和综合素质的复合型人才。但随着社会的发展，对给排水科学与工程专业人才的素质要求也会越来越高，我坚信，只有不断地探索与实践，才能培养出具有创新意识、基础扎实、素质全面、适应社会能力强的复合型高级人才。

参考文献

［1］ 高等学校给排水科学与工程专业指导委员会. 高等学校给排水科学与工程专业本科教育培养目标和培养方案及教学大纲［M］. 北京：中国建筑工业出版社，2003.

［2］ 胡艳玲，吴希军，刘海龙，田瑞玲等. 专业课程设置改革的探讨［J］. 教学研究，2007.30（6）：545-548.

11 关于“水工艺设备基础”课程教学的一些思路和建议

王庆国　陈　尧
（四川大学　建筑与环境学院，四川 成都，610065）

【摘要】 “水工艺设备基础”是给排水科学与工程专业新开设的一门重要的专业基础课程，本文对该课程的教学经验进行了总结，希望通过同行间的交流，进一步提高本课程的教学水平。文中还针对教材的适用性和课堂教学方式提出了建议，探讨该课程内容体系的编排和设置，对教材的建设有一定的参考价值。
【关键词】 水工艺设备基础；教学经验；教学方式

“水工艺设备基础”是伴随给排水科学与工程专业课程体系改革而新设立的一门课程。给水排水工程的每一环节都大量使用着各种类型的水工艺设备，这些设备的使用和运行直接影响水工艺流程的功能和工艺的运行效果。在给排水科学与工程专业的多门专业课里都涉及设备的相关内容，但限于各专业课程设置的内容要求，设备方面的知识不是相应课程的重点，使得学生对相关设备知识的掌握较为欠缺。为增强学生对水工艺设备基础知识的掌握，同时为适应给排水科学与工程专业课程体系改革的要求，我校从 2003 年开始，为给排水科学与工程专业的学生开设该门课程。结合 5 年的教学实践，现对该课程的教学经验进行总结探讨。

11.1　课程的目的和性质

水工艺设备知识是给排水科学与工程专业学生知识体系的一个重要的组成部分，我校将“水工艺设备基础”设定为给排水科学与工程专业基础必修课程。通过学习该课程，学生可以了解水工艺设备的制造、设计、工艺特点和适用条件等相关的基础知识，以及水处理工艺中专用设备的分类、组成、特点及使用条件等。

11.2　与其他课程的关联及开设时间

给水排水工程中涉及的设备复杂多样，对于各设备的了解需要相应的物理、化学和机械方面的基础知识，同时也需对各设备所使用的工艺环境有所了解，因此本门课程起到了基础课程和专业课程的联系作用，如图 1 所示。

根据我校给水排水专业的教学进度计划，将该课程安排在三年级的下期开设。

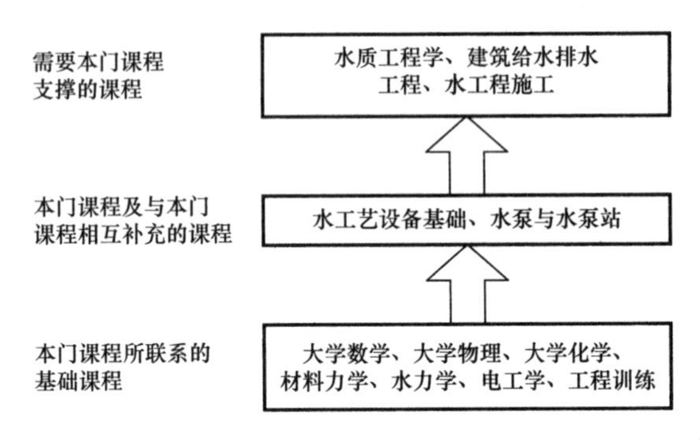

图 1　“水工艺设备基础”课程与其他课程的联系

11.3　关于课程内容体系的思考

11.3.1　存在的问题

目前所选用的教材在基础理论部分上篇幅过长、内容多、范围广、教学难度大；部分内容与给水排水工程设备关联不大；有些内容理论深度太大，不适用于本科生的基础理论层次。在专用设备方面，对设备的实际应用介绍不够充分，不能很好地满足学生对设备应用、选型等知识的掌握需求。

11.3.2 建议

根据几年来的教学实践和学生的反馈，并参阅相关资料，建议对本门课程的教学内容体系安排如图 2 所示。

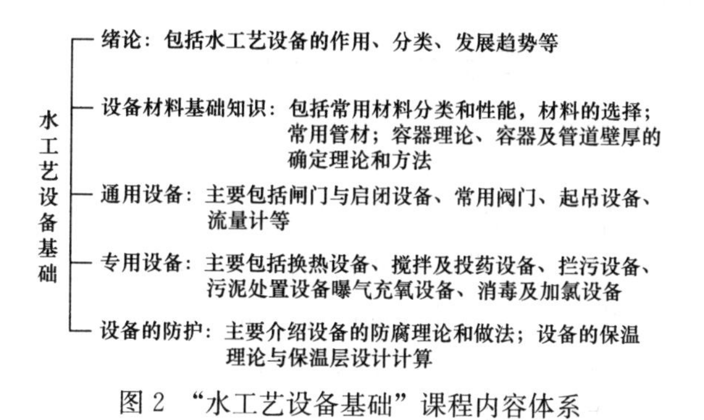

图 2 “水工艺设备基础”课程内容体系

11.4 关于教学方法的思路和建议

11.4.1 教学方式

向学生展示设备的构造，并讲解其工作原理，采用多媒体教学是直观合理的教学方式。对设备的介绍可采用单体图片、工作现场图片以及工作原理动画等手段来辅助教学，有助于学生建立直观的概念，促进对设备知识的掌握。

11.4.2 任课老师的要求

“水工艺设备基础”涉及的内容非常宽泛，与工程实际结合紧密，对授课老师的要求较高。任课教师应具有较为广博的学科知识和一定的工程实践经验，而目前这两方面的要求对任课教师来说都是一个不小的压力和考验。从国内现有给水排水专业教师队伍的构成分析，大部分教师是硕士、博士毕业后直接留任高校，多缺乏与工艺设备实际接触的经验。专业教师通常熟悉自己从事的给水排水工程某部分或某类方向，难于做到对水工艺设备涉及的各点面都有较为全面的了解。针对这种情况，希望本门课程的任课教师加强学习，对不熟悉的知识点进行“补课”，同时要多查阅水工业设备的设计选型、制造，特别是应用管理方面的文章，借鉴他人经验，并注意加强积累。

11.4.3 教学内容的要求与设计

“水工艺设备基础”涉及的内容广泛，集成多种类型的设备知识，而各类设备间联系并不紧密，每一章基本都是一个独立的内容，要求教师在课时安排上注意每部分内容的完整性，将设备内容分成若干专题，每一专题尽量一次授课完成。

水工艺设备基础对设备的介绍都按其功能分为几大类，每一类独立成章进行介绍，而具有同类功能的设备有很多种，各有特点，工作原理和适用情况也各不相同。在每章教学的内容设计上，注意采用“总-分-总”的模式，第一步“总”重在介绍本大类设备的功能、在水工艺中的使用条件和应用场合，建立一个初步的全局观；第二步“分”是分别讲授本大类中各种不同类型的设备构造、工作原理和性能特点，对于具体设备的选型和应用有详细明确的了解；第三步“总”是对已讲授的各种不同类型设备进行比较总结，分析差异，更突出各具体设备的特点。

在具体的多媒体课件设计中，采用从分类框图上超链接跳转，对每个新内容的介绍都从上一级框图出发，让学生对设备知识的体系脉络清楚，避免因条理不清、内容相似而引起学生知识混淆、学习积极性不高等情况。在课程讲授内容设计中，应充分考虑学生的知识接受能力，和学生多交流，及时接受学生的反馈信息，合理安排讲授内容和讲授次序。

11.4.4 实践环节

根据当地教学、实习资源特点，结合讲授进度安排 1～2 次专题参观，可以提高学生的学习兴趣，增强学生对水工艺设备实际了解和应用能力，有利于对课程内容的掌握。我们在教学中结合学校的给水排水设施，组织学生在校内对阀门、闸门、启闭机以及换热器、流量计等设备的现场参观实习，取得了较好的效果。

11.5 总　　结

“水工艺设备基础”这门课程对学生全面系统地掌握水工艺设备知识，培养设备合理选型的能力非常重要，是给排水科学与工程专业中一门重要的专业基础必修课程。由于本门课程设置不久，教材建设还有待进一步改进，对本门的教学经验进行总结思考，可为下一步教材建设提供一定的借鉴意见，并有利于进一步提高本门课程的教学水平。

12 “水工艺设备基础”教学改革与实践

杨利伟　熊家晴
（长安大学　环境科学与工程学院，陕西 西安，710061）

【摘要】“水工艺设备基础”是给排水科学与工程专业的一门骨干专业基础课程。本文结合我校“水工艺设备基础”课程教学实践，探讨了在教学实践过程中存在的问题，并提出了解决问题的一些建议。

【关键词】 水工艺设备基础；施教方法；水工艺系统

12.1 前　　言

“水工艺设备基础”课程作为给排水科学与工程专业课程改革项目，是为了适应当前给水排水专业发展新开设的，目的是强化给排水科学与工程专业技术人员对水工艺设备的制造、设计和运行管理等基础知识的全面掌握，同时也是为了拓宽专业口径，适应给水排水工程课程整体改革的需要，实现专业整体优化，从而提高学生工程实践能力。

12.2 施教方法与经验

12.2.1 教材的选用

教材采用高校给排水科学与工程学科专业指导委员会规划推荐教材《水工艺设备基础》（西安建筑科技大学黄廷林主编），该教材较系统地对水工艺设备的基本理论进行了论述，体现了多学科的知识综合和对给水排水工程教材的系统创新。

12.2.2 调整教学计划

由于我校在大四第一学期开授该课程，此时泵与泵站、建筑给水排水工程、给水排水管网已经讲完，水质工程学开始同步讲授，因此有必要调整教学课时计划，在讲完材料学、机械加工与制造、机械传动、热工学、力学和材料腐蚀与防护等基本知识后，可以把跟建筑给水排水工程内容相关的换热设备调整到前面。等到水质工程学讲完混凝后，安排讲授搅拌设备内容，结合速度梯度的概念，使学生深入了解混凝工艺的凝聚和絮凝这两个阶段。

12.2.3 紧密结合水工艺系统

由于本课程内容庞杂、涉及的知识点较多、学科之间相互渗透的内容也较多，而设备的制造和功能必须满足水工艺的要求；因此要求教师要结合水处理工艺或给水排水系统原理，明确主要设计参数，讲授过程清晰明了。在讲授换热设备时，可结合建筑给水排水工程的热水第一循环系统、第二循环系统、同程式供水方式、循环流量及热水循环水泵的选择等热水系统统一起来，在系统中讲述换热设备的功能及不同换热设备的优缺点，相关规范对不同换热设备贮热量的要求等等。

12.2.4 实践教学

鉴于本课程涉及面广，要求主讲教师能积极参与相关的实践教学环节与科研项目活动，熟悉相关的给水、排水工程及建筑给水排水设计规范并掌握重要的设计条文，具备解决给水排水工程实际问题的能力，使同学们能认识到该课程学习对以后工程设计、施工管理等工作的实际意义，避免学生认为本课程对今后工作没有帮助、不实用的错误想法，激发、调动学生学习该课程的积极性、主动性。

本课程的实践性环节包括参观实习或金工实习，对于水工艺设备的参观实习，可以与认识实习与生产实习联系到一起。在讲授课程时，通过多媒体课件补充实际的水工艺设备内部构造图，结合工艺分析设备原理，使学生对所要学习的内容先有一定感性认识。

金工实习一直是给排水科学与工程专业的弱项，还必须进一步加强，因为以前各高校给水排水专业都没有这个实践性环节，现在增加这个环节后，对学校的统一教学安排会有很大的影响，但会为给排水科学与工程专业培养适应时代要求、基础宽厚、知识面宽、能力强、综合素质高的人才培养目标提供强有力的支撑。结合水处理工艺，培养学生一定的水工艺设备的机械设计能力，拓宽专业口径、增强适应力，面向现代化、面向世界、面向未来。

12.2.5 积极采用多媒体教学

本课程主要在多媒体教室进行讲授，因此，多媒体课件制作的品质直接影响课堂教学效果，通过在办公室或家里进行课前演示，能为课堂教学做好准备，可以很好地控制每堂课的教学进度。通过查阅大量给水排水工程实践性教学环节资料，关注水工艺设备发展的前沿动态，结合新工艺及时补充最新设备制造理论与技术教学内容，演示水工艺设备内部构造，借此缩小教材与实践技术的差距，拓宽学生的视野，增强学生的学习兴趣和能动性。

12.2.6 课堂教学

在教学方法上，要从教师“教会”学生，转变为引导帮助学生“学会”，并让学生掌握学习能力，即“会学”。教学方法要努力从现在的“讲三、练二、考一”转变为“讲一、练二、考三”。教学上仍以课堂讲授为主，突出教学重点，清楚学生已经掌握了哪些专业知识，结合其他专业主干课的进度，注意专业知识的运用。在课堂教学中，除按照教学大纲的要求讲授外，还要根据教师本人的知识基础和实践经验，对教材内容适当补充，启发、设疑，训练学生自我分辨和思考能力。在突出基础理论知识讲授的同时，重视基础理论知识在水工艺设备材料的选择、设备的工作原理、设计制造、维护管理等方面的渗透和融合。

（1）增强本课程与相关学科的相互融合

“水工艺设备基础”涉及如水质工程学、材料学、机械加工与制造、机械传动、热工学、力学和材料腐蚀与防护等多方面的知识，因此，在讲授“水工艺设备基础”时，要结合工艺特点，明确水工艺设备用途，不把它当作独立的学科来讲，并将其他课程中的相关章节与本课融合起来。在教学内容中要体现有关水处理、水系统的新思想、新理论、新方法，及时反映学科的发展，努力使学生掌握适应21世纪需要的专业技术。

例如，在讲授投药设备时，加入消毒工艺的讲解，并要学生了解消毒工艺、消毒副产物的危害（三致作用）以及如何控制消毒副产物的产生；又如在讲述膜分离设备时，首先要设疑，让学生分辨膜分离技术中的膜和污水处理的生物膜的膜之间的区别；并把重点放在膜的组成、构造、特性及膜分离技术对水处理理论与应用的突破等内容上。

（2）注重开阔学生视野，提高综合运用所学知识的能力，鼓励创造性思维

“水工艺设备基础”通过多方面学科相互交叉，已经具备厚基础的特点，通过教学过程中，引导学生更多地从周围熟悉的事物中学习水工艺与工程中各种设备的设计、制造、安装与维护等方面的知识，引导他们通过对实物和具体模型的感知和操作，如焊接、磨削加工、铸造、链传动等，获得基本的机械设计、制造方面的知识和能力，开阔视野，结合新工艺，鼓励学生产生创造性思维。

（3）课后复习与辅导

一般在课后作业留有少量思考题，下一次上课时进行抽查、提问，即可以引导学生回忆上堂课的要点，又能用所学的基础知识来分析和解决问题，避免死记硬背。讲授完后，作简短的总结。所给的思考题大都结合水工艺与工程实际，要求学生能运用所学的设备基础理论来解决水工艺中所使用设备的设计和材料的选用等问题。

定期进行教学辅导，通过辅导，可以帮助学生增强自学能力、把握教学进度及改进教学方法，同时，在辅导过程中可以掌握学生学习情况和存在的问题。同时，让学生提出想法和要求，适度调整教学内容，满足学生需求。

12.2.7 考核标准

在考试方法上要考虑如何体现对知识、能力和素质的综合考查，在考试中采用开卷考试的方式，注重考查分析问题和对已学知识综合运用的能力，同时兼顾平时的抽查成绩。考试题目注重

考查学生综合运用所学知识的能力，考查学生对水工艺基础理论的总体把握，着重在考查学生对基础知识的理解，不出偏题、怪题和助长死记硬背的题目。试后要及时分析试卷，发现问题，有待于今后不断改进。

由于水工艺设备所涉及的知识面广，涉及与水工艺设备相关学科和领域的许多理论与基础知识，考试题目避免与其他课程的内容重复，及时做出试卷分析，针对发现的问题改进教学。除笔试外，还通过课堂提问、讨论、思考题抽查等方式，考查学生的学习状况，建立有效的对话模式，及时解决学生在学习过程中存在的问题。

12.3 实施课程教学中存在的问题与建议

12.3.1 问题

（1）一般说来，这门课程需要任课教师具备扎实的理论知识和一定的工程实践能力，需要对传统教学方式进行调整，教学内容要及时更新，要反映学科的新发展，要有前瞻性，要反映三个面向（面向现代化、面向世界、面向未来）。

（2）在实践性环节上，要加强给水排水专业金工实习及实习基地的建设。

（3）实现多媒体教学的基础设施条件难以满足。多媒体教学需要多媒体教室，当多媒体授课多时，学校有时难以安排。

（4）制作精良的教学课件工作。制作精良的教学课件需要大量的人力和时间。任课教师较难以胜任。

12.3.2 建议

（1）通过教学研讨会的模式，全国各高校教师交流、改善教学方法，提高本课程教学水平，促进本课程发展。

（2）强化经济技术教学环节。通过教学，基本上让学生明了水工艺设备概预算的相关基本知识，从而能对水工艺设备及材料进行优化选择。

（3）利用网络资源优势建立专用课件，由专业课教师与计算机专业人士共同设计制作教学课件。课件设计应充分考虑互动性，使教师能根据水工艺的发展适时增减教学内容，不断充实课件。完善教学条件，添加多媒体教学设备和多媒体教室。

（4）加强实践性环节，增强机械设计制造能力的培养，切实解决金工实习问题。

13 “泵与泵站”课程教学改革的研究

聂锦旭　梅　胜　阮彩群

（广东工业大学　土木与交通工程学院，广东 广州，510700）

【摘要】 “泵与泵站”课程是给排水科学与工程专业重要的专业基础课。本文从课程的应用性强、专业性强、涉及知识面广等特点出发，以能力培养为主线，以实际应用为宗旨，就教材建设、教学内容、教学方法、教学手段、考核方式等方面的改革进行探讨，寻求适应新时期人才培养要求的教学模式。

【关键词】 泵与泵站；教材建设；教学改革

“泵与泵站”课程是给排水科学与工程专业重要的技术基础课，包括课堂教学和实践教学两个环节。其教学任务在于使学生掌握给水排水工程中常用水泵的基本理论、基本构造和基本计算方法，能够正确地选择水泵和进行给水、排水等泵站的工艺设计，并培养学生分析和解决实际问题的能力。根据高等教育毕业生技术应用能力强、综合素质高、理论知识面宽这一特点的要求，以“应用”为宗旨，对该课程的教学改革作如下探讨。

13.1 加强教材建设的改革

教材建设对人才培养和教学改革具有十分重要的作用。教材是教师授课和学生学习的专用书籍，是教学大纲的具体表现。教材内容影响着学生的知识结构、思维方式和能力培养。

高校毕业生在具有必备的理论知识和专业知识的基础上，重点掌握从事本专业实际工作的基本能力和技能，才能适应生产、建设、管理、服务第一线的需要。为此，高校给水排水专业水泵与水泵站的教学内容，应该紧紧围绕工程技术应用能力和基本素质培养这一主线，扩充实践性内容，强调针对性和实用性；以掌握概念、强化应用为重点，少讲理论推导过程，结合工程实际多讲具体应用。然而普通高校《泵与泵站》教材偏重于理论和泵站设计内容，根据给排水科学与工程专业的毕业生工作内容的需要，应该从以下几个方面对《泵与泵站》教材内容作修改：

（1）章节应以设计、施工、安装为一体，先叙述设计原理等内容，后讲述安装施工内容。各章节应融入实践环节，注重动手能力的培养增加实体机械拆卸、组装内容的演练，教材中应讲授其操作步骤及在操作时应注意的技术问题。

（2）泵的性能、气蚀及安装高程确定等章节应融入实验内容，进行离心泵性能实验，熟悉水泵性能。水泵性能是水泵基础理论的又一重要部分，它是进行泵站设计、运行、管理的基础知识。通过对离心泵性能曲线的实测、实绘，熟悉水泵性能，加深泵性能曲线的理解和对泵站运行管理工作的认识。通过实验使学生掌握性能测试的方法步骤，并会整理实验资料，为以后从事工作打下基础。

（3）教材中应融入水泵及水泵站生产、管理、操作及其运行过程中常见的故障及故障的排除，日常维护、检修、操作规程等方面的内容。

（4）对离心泵以外其他类型的水泵，特别是目前给水排水行业中常用的变频多级立式泵、隔膜投药泵、潜水污水泵、污泥螺杆泵等的构造、工作原理等作更详细的介绍。

（5）从培养管理能力角度出发，介绍水泵站枢纽建筑物的组成、机电设备、附属设备的组成、作用以及各种类型水泵站的结构特点、细部构造，以便根据不同泵站情况进行管理，也为从事泵站施工管理工作打下基础。

（6）强化泵站设计的内容。教材中应增加对给水排水中常见的各种泵站特别是污水泵站的选型、设计、计算的内容，为学生进行泵站设计提供更详尽的方法。

《泵与泵站》教材种类单一，且存在着内容陈旧，更新缓慢的弊端。教材的部分内容滞后于行业技术的发展和进步。如：水泵产品类型不断更新，泵站的相关规范不断完善。因此，在使用教材的同时，应不断搜集新资料、新信息，并不断补充到教学中来，以便让学生能掌握到新技术和新方法。

13.2 改革教学方法，提高教学效果

怎样在教学中激发学生的学习热情，让学生掌握课程的主要内容，是课程教学改革的一个重要问题。在教学中，既要提炼出准确的基本原理，通过一定的教学方法让学生掌握，更重要的是要授人以渔而不仅是授人以鱼。因此，在使用教材进行具体教学的过程中，还必须坚持开展教学研究，加强教学环节，努力改进教学方法，提高教学效果。

13.2.1 现场教学与实验教学相结合，加强课程设计等实践性教学环节

教学中，针对“泵与泵站”课程实践性较强，而此课程又是学生学习的第一门专业基础课程，大部分学生没有接触过工程实际，特别是对泵及泵站都是一知半解。以往基础课教学主要是理论讲述，条条框框很多，内容枯燥无味，学生不感兴趣，不能激发学生创造性思维。从以往的教学经验来看，如采用现场或模拟现场对泵站建筑物、机电设备以及附属设施进行实验教学，则更形象、直观、具体。选择比较典型的、学生能够参观的、比较优秀的、能够亲临现场的泵站，讲解起来针对性强；选择设计合理、技术先进的优秀泵站作为教学样本，可起到正确思维导向作用。课程设计是培养学生运用书本知识和相关资料进行计算、绘图、编写设计计算说明书和解决问题等方面综合能力的重要实践环节，由于此课程设计也是学生进行的第一个课程设计，学生对设计的程序、方法都没有任何经验，甚至很多学生都不知设计做什么、怎么做，而泵站设计涉及的内容又比较多，存在着设备多、管件多、附属设施多、结构复杂、自动化程度要求高等特点，因此在布置课程设计之前，如果有条件可以组织学生集体到附近的几个大型水厂现场观摩，就水厂的泵站运行网络、设备布置、工艺流程、操作规程等内容做详细的介绍，给学生的课程设计提供第一手资料，做好思想准备。在水厂还可以特别请一些有丰富现场管理经验和维修经验的师傅现场给学生讲解系统运行中经常出现的问题，以及判断并处理这些故障的简易方法。这样可以培养学生实际工程设计能力。还可以利用网络和以前的教学资源，给学生看一些好的泵站设计，使学生对泵站有一个直观的认识。

在教学中可以进行泵站的实际操作，进行中小型水泵机组的安装。水泵机组的安装，特别是轴流泵机组的安装是一项实践性强、技术要求高的工作，学生单凭课堂学习的知识，很难掌握其技能、技巧，只有亲自动手操作才能达到教学要求。在实践教学中，可采用循序渐进的强化训练，即对每一个技能，采取演示训练、模拟训练、实务训练这一流程完成。对于“操作”内容应采取在现场界定实际操作内容，如拆装、维修、故障排除等内容的方法，让学生对问题予以处理，根据其操作技能、解决问题的能力，或通过对某一问题进行答辩、口试的方式来考核其实践能力。通过这些途径，不但强化了学生的感性认识，使学生体会到教材内容和实际应用之间的关系，丰富了后续课堂教学内容，而且提高了他们的操作技能和快速适应环境的能力。

13.2.2 采用多种教学手段方式相结合，理论联系实际

目前在用的教材大多存在偏重理论、缺乏工程个案、专业针对性不强等问题，加之教学课时又短，所以教师必须在教学方式方法上下功夫。在课堂教学过程中，尽量多采用提问式的教学方法，启发学生积极思考。对某些应用性较强或有争议的问题或课后思考题，应利用习题课的时间组织讨论，通过讨论消化难点和重点，从而培养学生强烈的参与意识，活跃思维、开阔视野；同时，还应该多带领学生分析一些典型的工程实例，让学生多做一些应用性较强的练习，学以致用。在教学中，还可以多增加一些泵站设计和运行的实例，介绍目前国内外先进的泵站设计和管理方法。目前的教学中比较缺乏排水泵站的内容，很多泵与泵站的教材都偏重给水水泵及泵站，课程设计也一般是进行给水泵站的设计，而对于污水泵站、雨水泵站、污泥泵站等排水泵站的内容介

绍都比较简单，这样造成学生对排水泵和泵站的知识掌握不够，对未来的工作不利。所以要求老师在教学中，结合目前各种泵站的情况，搜集有代表性的泵和泵站，并且结合发展趋势，充分发挥教师的引导作用，积极调动和激发学生分析问题、解决问题的兴趣，在师生互动中改善教学效果、提高教学效率。

13.2.3 习题训练和考核方式多样化

习题教学是将学生应当掌握的教材内容，以问题的形式呈现给学生，并通过课堂答问和练习等方式进行的教学活动。它以信息反馈为特征来检查、了解和评价学生的学习质量和水平，并由此达到检验教师教学效果的目的。多样化的习题训练不仅能够激发学生对“泵与泵站”课程的学习兴趣，提高学生的自主学习能力，而且有助于激发学习的主动性，有助于学生准确把握基本概念，系统理解专业知识，拓宽知识面，从而达到提高教学效率，巩固教学效果的目的。

考试是检验教学效果的有效手段，“泵与泵站”课程的实践性和应用性很强，在重视基础理论知识考核的基础上，也不能忽视实践环节的考查，因此应逐步改变单一的笔试考核方式，考核可采用答辩、操作测试、设计实验和现场考核等形式，让考核方法逐步多样化。如对于操作内容，可以采取在实验室界定实际操作内容（拆卸、安装、故障排除等）的方法，让学生对问题予以处理，根据其操作技能和解决问题的能力，或通过对某一问题进行答辩、口试的方式来考核其实践能力。

13.3 利用现代化的教学工具，介绍水泵的最新发展

随着计算机技术的普及和教学改革的进一步深化，以计算机为主体的多媒体现代化教育技术发展日新月异。幻灯、投影机、投影仪、电影、电视录像、CAI仿真系统及计算机多媒体等教学手段，已在各个领域发挥着巨大的作用。“泵与泵站”课程的特点是内容丰富且实践性较强，书本中文字和图形的描述不够细致和形象，采用多媒体教学可以较好地解决这一问题。在制作多媒体教学软件时，可将各种类型水泵（或泵站）的外形、内部构造以图片或录像的形式向学生形象地展示，以增强学生的感性认识，弥补学生实际经验的不足。对于一些比较抽象和概念性较强的内容，用动画的形式更便于表达。对水泵的工作原理和基本构造的介绍，如果能够采用动画方式，可以激发学生的学习热情、增强其理解能力，教学效果也会大大增强。现代教育技术的应用不仅仅是教学手段的改革，同时还能包括课程体系、内容、结构、形式的改革。在教学中，教师可以利用网络，把最新、最先进的泵和泵站介绍给学生，也可以鼓励学生查阅一些资料与大家共享，我们经常说，教学如果没有学生的参与，那只完成了一半。现代的教学工具和教学方法，完全有能力让学生更多参与到教学中来，这样既可以提高学生的积极性，也可以帮助老师了解更多的信息。目前的水泵和泵站的发展日新月异，如果不能很好地利用现有的教学资源和现代化的教学手段，那么教学只能是照本宣科，没有新意。作为课程教师，必须多了解目前水泵的发展和应用情况。比如，目前投药泵多采用隔膜计量泵；污水提升泵站一般都采用潜水污水泵；污泥泵的最新发展；建筑给水排水多采用多级立式泵等等，这些知识都是书本中没有但已经广泛应用的，如果教师在教学中不把这些介绍给学生，那对学生未来从事工作是不利的。因此要求教师有丰富的专业知识和实践经验。同时，教师还要不断学习、不断探索、不断充实教学内容，改革传统的教学方法和教学手段，重视先进教学手段的应用，从而培养出更多的具有较强能力的给排水科学与工程专业型人才，以适应社会发展的需要。

参考文献

[1] 马红芳，张佳发，沈春花.《水泵与水泵站》课程教学研究与探讨 [J]，福建高教研究，2007，3：74-75，78.

[2] 曾立云.《水泵与水泵站》课程教学研究与实践 [J]，甘肃广播电视大学学报，2002，12（1）：63-65.

[3] 王烨，孙三祥，曾立云. 加强实践环节探索《水泵与水泵站》课程教学新模式 [J]，制冷与空调（四川），2008，22（4）：127-130.

[4] 石丽忠. 高职水泵与水泵站课程教学改革探讨 [J]，辽宁高职学报，2001，3（5）：75-75.

[5] 姜乃昌，许仕荣，张朝升. 泵与泵站（第五版）[M]，北京：中国建筑工业出版社，2007.

14 "泵与泵站"课程的有效性教学探讨

孙士权　万俊力　谭万春
（长沙理工大学　水利工程学院，湖南 长沙，410076）

【摘要】 有效性教学虽有突出的共同特征，但具有多样性，针对不同课程不同学生，有效教学的内涵不同。"泵与泵站"课程的有效教学体现于教学设计、教学效率、课堂气氛和教师责任心。教学设计做到教与学目标明确，教学效率保证课堂有效时间，课堂气氛反映学生参与度与热情，教师责任心是实现有效教学成功的关键。

【关键词】 有效教学；教学效率；泵与泵站课程；教学质量

14.1 前　　言

有效教学（effective teaching）的理念源于20世纪上半叶西方的教学科学化运动，在美国实用主义哲学和行为主义心理学影响的教学效能核定运动后，引起了世界各国教育学者的关注。有效教学是指通过教师引起、维持和促进学生学习的所有行为，在一段时间的教学后，使学生在品德、知识、个性诸方面获得具体的进步和发展。Sean M，Bulger等的研究提出有效教学的四大要素（fouraces）：结果或者目标（outcomes）、清晰（clarity）、参与（engagement）、热情（enthusiasm）。

"泵与泵站"是给排水科学与工程专业的一门专业必选课程。本课程是全国高校给排水科学与工程学科专业指导委员会设置的专业基础课程之一，笔者结合"泵与泵站"教学实践浅谈有效教学。

14.2 依据教学大纲进行教学设计，做到教与学目标明确

教学设计是教学的重要环节，是提高课堂教学质量和效果的基础。教学实践表明，教师在教学设计上所花功夫的多少直接影响授课的质量。知识的发展、教育对象的变化、教育技术的更新、教学效益要求的提高，给实践性强的专业课程的教学设计提出了越来越高的要求。

14.2.1 教材的选用与领悟

实践性强的课程，所选教材的内容既要能强调基础理论知识，又要体现出多学科的知识综合。"泵与泵站"课程选用高校给排水科学与工程学科专业指导委员会规划推荐教材《泵与泵站》，课程的辅助教材选择徐士鸣教授的《泵与风机——原理及应用》，辅助学术期刊为《给水排水》、《中国给水排水》、《工业水处理》等杂志。

依据教学大纲和教材内容，笔者采用"学课"方式领悟教材。学课有两个方面：首先实践学课。本课程教学的前一学期，笔者常利用课余时间到具有代表性的给水厂、污水厂、设备厂进行考察与调研，认真听取并记录现场技术人员的实践经验。开课的两年间参观了18家自来水厂、15家污水厂、6家水设备企业，通过实际考察切实领悟教材内容，并对教材有待商榷的地方与部分教材编委进行沟通。其次学讲课。选择教材某一节内容请经验丰富且教学质量高的老师进行讲解，学习他人优秀教学成果，提高自己讲学素质。

14.2.2 教学设计

"泵与泵站"的教学大纲将课程的全部内容分为重点掌握、掌握和了解三个层次。要求重点掌握的部分是叶片式泵基本性能参数、基本方程式、特性曲线、定速运行工况、调速运行工况、置换运行工况、串并联运行工况、吸水性能以及机组的使用与维护，同时这部分内容也是学生今后进一步学习专业课以及将来从事水系统实际工作要

用到的基础知识。对于这一部分知识，要求学生在学习时要深刻理解、准确把握，并能理论联系实际。要求掌握的部分，是学习完这门课程后应具备的知识体系。这部分内容涉及的知识点多，是前部分内容的丰富与补充，它在整个课程体系中不可缺少。而对于水泵的制造、设计、工艺特点、适用条件等基础知识，水处理工艺中专用水泵设备的分类、组成、特点及使用条件，会根据不同实际要求选择合适的水泵设备。对这些内容，只要求学生理解。

此外，在教学设计的过程中，要全面掌握教学内容，从知识结构的整体出发，把握知识与知识之间的纵向联系与横向联系，确定教学内容在整个知识体系中的地位与作用。同时，笔者还密切关注该课程的最新理论与研究，将实习时参观自来水厂、污水厂的设备认识到的观念渗透到课本进行讲解，增强了课程教学的针对性、现实性与有效性。

14.3 以学生为本开展教学，提高学生的参与度与热情

早在20世纪70年代，美国就出现了“以学生为本”的教育理念。坚持“以学生为本”，主要是着力培养学生的综合素质，从满足学生发展的实际需要出发，强调质量意识，全面推进教育质量的提高。

而学生参与度一直以来被描述成是学生参加学校日常生活的意愿程度，例如是否喜欢上课、能否及时完成老师的作业、在课堂上是否与教师积极交流等。最近的研究文献丰富了学生参与的含义，对学生参与的认知、行为及情感的因素进行了关注。孔企平教授（2006年）认为，学生参与包括三个方面：第一是行为参与，也就是学生对课堂教学的参与是否积极、努力；第二是认知参与，也就是学生在参加课堂活动中思考的程度，如记忆与操练、理解、探索性学习；第三是情感参与，指学生在课堂教学中的情感体验，如乐趣感、成功感、焦虑感、厌倦感等。

“泵与泵站”教学中坚持“以学生为本”，着力培养学生的水系统中专用设备的分类、组成、特点及使用条件，会根据不同实际要求选择合适设备的综合素质，从满足学生发展的实际需要出发，增强教学质量，优化教学内容，灵活掌握课堂氛围，调动学生主动“互动”，提高学生的参与度与热情。

14.3.1 优化教学内容，提高教学效率

现代教育理论指出，教学工作可以分为记忆水平、理解水平和思维水平三个不同层次。在一般普通高等学校的课堂教学中，三种课堂教学水平分别约占30%、50%和20%左右。因此，保障有效教学必须提高课堂教学效率。提高教学效率的目的就是提高学生课堂学习效率，提高效率需要提高备课质量、优化教学内容。

胡亚涛教授（2006年）提出备课内容应不仅备教材，还要备教法、备学生。

备教材指要掌握教材内容、重点、难点、特点问题，对重点、难点、特点问题，不但要有教材内容的准备，还要有相关知识的储备，既要“知其然”还要“知其所以然”；“泵与泵站”实际备课时通过查阅大量课外资料，并注意关注水泵及其设备相关的前沿动态，及时补充最新设备制造理论与技术，缩小教材与技术更新的差距。同时，备教材还有另一层含义，即对授课内容的提炼，对于了解性以及容易理解的内容，尽可能减少授课时间，给学生留下自学的空间，以提高学生的自学能力，做到该讲的要讲透，不当讲的惜字如金，给学生以动脑、动口的时间。

备教法，就是对授课过程的准备，也就是怎么教、怎么引导学生去学。例如“泵与泵站”备教中对“主要零件材料”主要通过“金属材料，无机非金属材料，高分子材料，复合材料”归纳为“两个金属，一高一复”将各相关知识点整合，形成一个有机的整体。

备学生，主要因为学生和学生之间在素质、认知能力、理解能力等方面存在差异。例如“泵与泵站”备学生中尽量做到：1）让学生明确每节课学习目标；2）教学中尽量达到大部分学生的个性化教学；3）让学生参与自己学习过程的监控和调整；4）教学内容要具有适当的难度；5）抓住课程30分钟讲授内容，提高学生的有效学习时间。

在教学过程为了提高教学效率，需要避免简单重复式教学，要让学生在高效的时间内进行有效的学习，因为学生能够集中注意力的时间是有

限的，超过这段时间即便老师讲得有趣，学生也会感到厌倦，从而降低学习效率。

14.3.2 提倡互动教学，构建和谐课堂

教学过程由教师与学生合作完成，学生作为教学主体，应拥有适当的活动空间。互动模式教学法是指在教学过程中充分发挥教师和学生双方的主观能动性，形成师生之间相互对话，相互讨论、相互观摩、相互交流和相互促进的一种教学方法。这个教学法在整个教学过程中注重教师与学生的沟通，师生教学相长，相关课程之间的互动，充分体现了以人为本，课程学科之间互动的教学理念。互动教学是构建和谐课堂的前提条件，也是激发学生课堂热情的催化剂。这个教学过程是一个实践加教学的过程，需要教师与学生，学生与学生进行多方互动的模式来完成。教学过程要尊重学生的不同观点和意见，允许学生自由讨论和争论，鼓励有独到见解的学生，让学生在课堂上的交互活动中相互影响、相互作用、相互启迪、进而增强学生的自信心。分小组设计方案的互动方式使学生之间在学习和实践中能力互补，且激活了课堂教学、激发学生专业学习兴趣和学习热情，实现了和谐课堂。

14.4 有效性教学的启发

作为高校教师，追求有效教学是每位老师应有的品质。而有效教学是遵循教学规律、有效果、有效益、有效率的教学。笔者认为教师在进行有效教学过程应具有：1）明确的教学目标，宽广的专业知识面；2）充分的教学准备，要备课、备教法、备学生；3）课堂上要科学地组织教学，充满热情；4）以学生为本，构建和谐课堂；5）高度教学责任心，提高教学效率促进学生自主学习。

参考文献

[1] 姚利民. 论有效教学的多样性. 大学教育科学 [J]. 2005，90（2）：38-41.

[2] 俞飒. 提高教学质量的主客观条件剖析. 北京市经济管理干部学院学报 [J]. 2001，16（9）：53-60.

[3] 章小辉，陈再萍. 高校课堂教学质量的有效教学评价体系结构研究. 现代教育科学 [J]. 2002，（2）：64-68.

[4] Sean M. Bulger：Stack the Deck in Favour of Your Students by Using the Four Aces of Effective Teaching. http // www. uncw. edu/cte/et/articles/bulger/ ♯engagement.

[5] 刘才贵. 创新教学方法提高教学质量. 成都大学学报（教育科学版）[J]. 2007，21（9）：46-48.

[6] 赵传兵. 有效教学中的学生参与及评估. 考试周刊 [J]. 2007，37：31-33.

[7] 胡亚涛，刘绍晨，李玉红. 以学生为本倡导互动教学. 承德医学院学报 [J]，2006，23（1）：90-91.

[8] 魏红，申继亮. 高校教师有效教学的特征分析. 西南师范大学学报（人文社会科学版）[J]. 2002，28（5）：33-36.

15 “泵与泵站”课程教学方式方法改革与探讨

王永磊 李 梅
（山东建筑大学 市政与环境工程学院，山东 济南，250101）

【摘要】 本文对“泵与泵站”的教学内容进行了研究与分析，重点对教学方法提出了自己的看法，强调在传统教学的基础上，应用实物教学、多媒体教学（Flash动画、图片）、工程实例教学和与现行设计规范相结合的方法提高课堂教学质量和教学效果。同时介绍了本校进行精品课程，实现网上辅助教学的实际教学效果，加强课程设计、实验等集中实践教学环节教学的一些做法。最后根据自己的教学经验提出了一些建议和体会。

【关键词】 泵与泵站；教学方法；实践教学；改革与探索

15.1 前 言

泵与泵站在给水排水工程中是必要的组成部分。从安全运行的角度，泵站是确保整个给水排水系统工艺流程实现的重要水力枢纽点；从技术经济和效益角度，泵站中机组的选配、调度方案的寻优等，具有较高的优化要求，因此“泵与泵站”课程在给排水科学与工程专业中占据非常重要的位置。

我校是全国设置给排水科学与工程专业较早的院校之一，随着多年来专业建设的不断加强与完善，“泵与泵站”课程从教学内容与手段改革、教学环节改革、教学大纲修订等方面进行了一系列研究探索，提高了给水排水专业学生的实践能力和创新能力。笔者根据近年来对“泵与泵站”课程教学的积累和探索，取得了一些教学方面的体会，在此与同行们一起探讨交流。

15.2 课程的性质和任务

“泵与泵站”是给排水科学与工程专业的一门专业基础必修课。通过本课程的学习，使学生了解和熟悉给水排水工程中经常使用的水泵的基本构造、工作原理和主要性能。重点掌握离心泵及轴流泵的应用性能、工况分析（含调节）以及给水泵站和排水泵站工艺的基本知识，并对水泵机组的运行维护、节能途径有一定的了解。

15.3 课堂教学方法和教学手段改革

“泵与泵站”课程与工程实践联系密切，工程实践性强，要达到提高学生的兴趣、增强学生对教学内容的理解、提高学生的能力等效果，要在教学方法和教学手段上下功夫。传统的学究式、填鸭式课堂教学，已不能适应新时代学生接受知识的要求。为了调动学生学习的兴趣和主动性，提高课堂教学的效果，就应当让学生与教师互动起来。在课堂教学方面，灵活运用多种教学方法，合理利用多媒体课件，理论联系实际，注重工程实例教学等是提高教学效果的有效途径。

15.3.1 传统课堂教学方法的创新

在课堂教学中重视基本概念、基本理论、基本方法的讲解，多举与基本概念有关的例子，引导学生去思考，加强学生举一反三的能力。在教学中，重点突出，对最基本概念和原理讲透、讲深；结合讲授进度，有目的地介绍水泵的各种工况分析；对少量的教学内容采用自学—提问—讨论的讲授方法；课堂上多采用提问—讨论的方式，鼓励学生积极思考，大胆发言；对前一堂课核心内容用提问方式进行简单回顾，课堂末对本堂课内容小结；结合课程内容，介绍水泵与泵站实际应用情况、国内外先进泵生产情况等，不论是从内容还是形式上，都不断丰富各种各样的教学方法，激发学生的学习积极性和创造性。

15.3.2 课堂教学中实物与模型的运用

在“泵与泵站”这门课程中涉及水泵内部构造方面的部分较为抽象。在授课过程中，可借助实物模型或者实例图片帮助同学理解，如教学模型、设备构件等。包括水泵叶轮、泵模型等，见图1、图2。教学过程中让学生传看这些水泵小构件或观看实例图片，帮助了解其结构、性能等。利用上述模型、设备构件可以将教材内容生动、具体、形象地展现在学生面前，提高教学效果和质量。

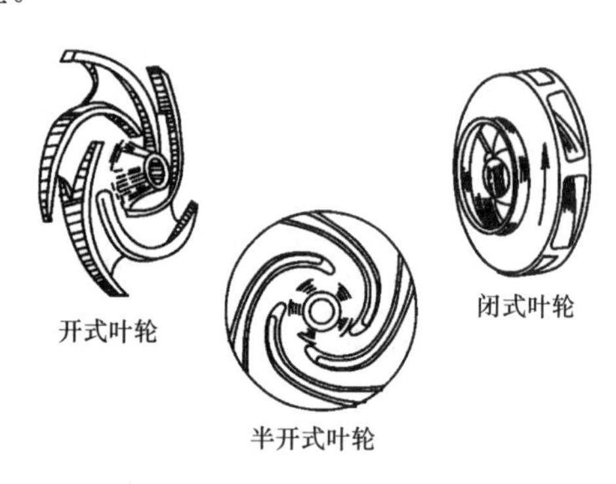

图1 离心泵叶轮模型

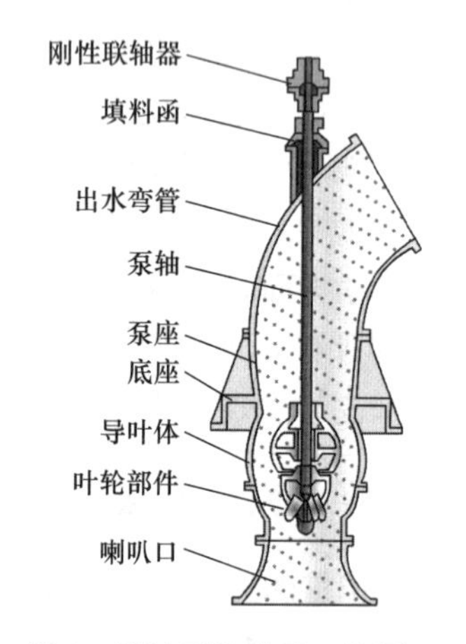

图2 混流泵构造及工作原理

15.3.3 课堂教学多媒体课件中使用 Flash 动画、图片等素材

利用 Flash 动画能够很好地展现水泵与泵站的构造、工作过程，是进行直观教学的有效途径。“泵与泵站”的任课教师，不一定要自己制作 Flash 动画，可以购买专业公司制作的 Flash 动画素材，内容较全；另外，也可以在互联网上搜索下载到大量水泵运行的动画、图片。笔者在教学中使用了我院购买的北京某仿真公司制作的给水处理素材库、污水处理素材库中的许多 Flash 动画，以及自己拍摄和来自网络的大量水泵动画和照片，见图3和图4。将以上素材用于教学可增强教学的生动性，提高学生学习兴趣，学生乐于接受。

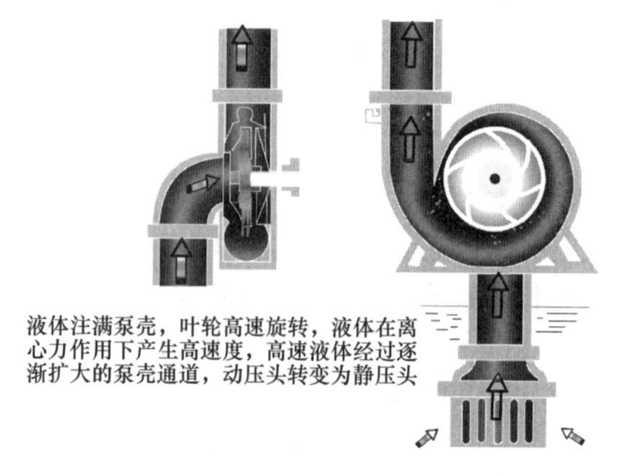

图3 离心泵工作原理

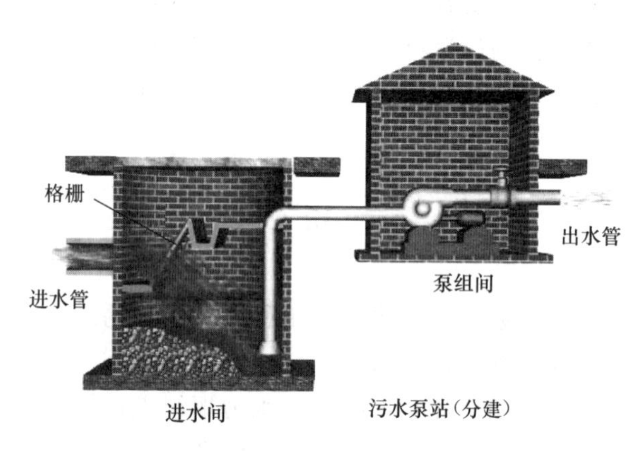

图4 污水泵站构造及运行

15.3.4 课堂教学中增加实际工程照片观摩教学

“泵与泵站”课程是一门专业基础必修课，大部分院校将该课程安排在大三上半学期，由于大三学生刚开始接触专业课，对专业知识认识尚浅，对泵站更是知之甚少。由于学生对实际工程不甚了解，因此在课堂学习、课程设计实践环节学习过程中，增加了学习难度，如泵站内抽真空系统、排水沟布置设计等等细节内容。学生要对实际工程进行了解，实际工程照片观摩便是一种最直接、最简便的方法。通过观摩实际工程照片，同学们对工程设计做法一目了然。我们在水厂拍摄的泵站图片，对课堂教学起了很大的辅助作用，见图5、图6。

图 5　济南南郊水厂二级泵站照片

图 6　济南黄河水厂二级泵站照片

15.3.5　课堂教学与设计规范、水泵样本相结合

“泵与泵站”课堂教学中，尤其是第四章、第五章内容与工程设计结合密切，因此授课过程中，应注意与现行规范如：《室外给水设计规范》GB 50013—2006，《室外排水设计规范》GB 50014—2006、《泵站设计规范》GB/T 50265—97 以及设计手册等设计类书籍内容相结合，扩大学生的知识面，教给学生查阅规范、手册的方法和良好习惯。因为在设计过程中，水泵选型经常需要查水泵厂家样本资料，在授课过程中也应教给学生如何查阅样本，进行水泵选型。

15.4　积极进行精品课程建设，实现网上辅助教学

“泵与泵站”课程是我校校级精品课程，我们建立了“泵与泵站”精品课程网站，网站包括课程简介、基本要求、教学计划、电子教案、教学视频、多媒体课件、习题集等资料，同学在课余时间随意下载教学资料，为同学学习该门课程提供了极大的方便，见图 7。在精品课程网站建设方面，要建成图、文、声、色并茂的立体化网站，提高学生的学习兴趣。另外课程网站尽量实现老师与学生网上在线教学互动，如在线解答问题、在线交流问题等，增加学生学习兴趣，提高学习效果。

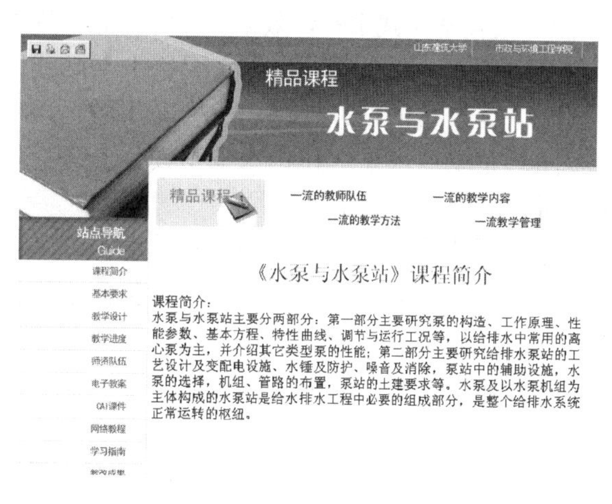

图 7　精品课程网站

15.5　加强集中实践教学环节教学，巩固知识，学以致用

工科院校的教学体系应重实践、厚应用，体现其工程特色。因此应切实完善实践性教学环节，把培养学生工程能力作为教学改革的风向标。“泵与泵站”是给排水科学与工程专业的一门实践性比较强的实用基础课。因此，为了加深学生对水泵和泵站基本概念的理解，实践教学环节尤为重要，实践教学与课堂教学是相辅相成、缺一不可的，没有实践教学这一环节，泵与泵站的课堂教学就如纸上谈兵。我校“泵与泵站”实践教学由课程设计和实验教学两大部分组成。通过学生亲自动手设计和操作水泵运行，将已学到的理论知识提升到实际应用中去，使学生增加感性认识、开阔视野、拓宽知识面，培养和提高实际工作能力。

15.5.1　课程设计实践环节

“泵与泵站”课程设计是给排水科学与工程专业学生第一个专业课程设计，学生对工程设计没有较深的认识，还没有形成一定的工程概念，因此在开始设计时，思路不清。为提高学生的设计能力，在课程设计教学中，我们编制了《课程设计任务书》、《给水泵站课程设计指导书》、《排水泵站课程设计指导书》，另外还给同学们发放了设计规范、设计手册、水泵样本、工程实例挂图、

sh 型水泵设计资料等等。

为加强实践教学环节，增强学生的实际应用能力，我校给排水科学与工程专业新的教学大纲将《泵站课程设计》的学时由 1 周调整为 2 周，通过 06 级教学实践来看，效果明显。原先 1 周的课程设计任务，每个学生仅能完成给水泵站或排水泵站一个泵站的设计任务，改为 2 周后，每个学生同时完成给水泵站和排水泵站设计任务，使课堂所学的内容得到充分实践。

通过泵站课程设计的实践，使学生了解和掌握水泵站设计的一般方法和步骤，具备独立进行水泵站设计的基本能力；熟悉水泵选择的基本原则，掌握通过方案比较确定优化的水泵工作组合的技能；掌握水泵站设计过程中设计图纸的规范表达方法；提高学生综合运用所学的理论知识分析、解决工程实际问题及查阅、应用规范、设计手册、样本等相关资料的能力。

15.5.2 实验教学环节

为加强学生对水泵运行工况、运行参数的认识，我校给水排水综合实验室专门购置较高档次的水泵实验装置，并配备专职实验老师，提高了实验条件，增强了实验教学环节。实验教学基本要求是：通过实验，使学生掌握离心泵装置启动、调试、停车的方法，正确测定压力、流量、功率、转速等性能参数，并绘制特性曲线。

另外，实验教学环节也是课堂教学非常好的直观教具，使学生对课堂教学内容有更充分的理解和掌握。

15.6 建议与体会

（1）泵站运行能耗对整个供水系统成本至关重要，泵站节能设计非常重要，建议在授课过程中或再版教材时进一步强化节能内容。

（2）建议在授课或再版教材时进一步丰富当前常用型号的水泵设计计算例题。

（3）“泵与泵站”课程是一门实践性很强的课程，因此各院校一定要注重实践教学环节，培养学生的工程概念与工程设计能力。

（4）在课堂教学活动中多采用理论与工程实际案例相结合的教学模式，将取得较好的效果。

参考文献

[1] 姜乃昌主编. 泵与泵站（第五版）[M]. 北京：中国建筑工业出版社，2011.

[2] 丘传忻著. 泵站节能技术 [M]. 北京：水利电力出版社，1985.

16 案例专题讲座教学法在“泵与泵站”课程教学中应用

赵文玉 张学洪 魏明蓉 周自坚 陆燕勤 许立巍
（桂林理工大学 环境科学与工程学院，广西 桂林，51004）

【摘要】 结合笔者在实际工程中遇到的问题及寻求解决问题过程中的一些感受，为已学完“泵与泵站”课程的学生开设一堂专题讲座，运用启发式提问、开放式思维及逐步深入关键问题等教学方法，让学生充分理解专业知识在工程实践中的运用，达到提高学生应用专业知识综合分析和解决实际问题的能力的目的。本文将案例教学法融入专题讲座，在“泵与泵站”课程教学实践中进行了开创性的探索，取得了较好的教学效果。

【关键词】 专题讲座教学法；案例教学法；启发式教学；泵与泵站

16.1 引　言

“泵与泵站”课程是给排水科学与工程专业教学计划中主要课程之一，是一门专业基础课。针对该课程的教学改革及教学研究所查文献较少，兰州交通大学王烨等[1]在加强实践教学方面提出了较深的见解；重庆大学曾晓岚等[2]针对该校培养定位的转变进行了一些实际教改工作，并取得了较好的效果；南京林业大学林少华[3]等在多样化习题训练提高“泵与泵站”课程的教学效果方面作出了有益的探索。案例教学法已广泛应用于各门学科及各种课程的教学实践中（如土木工程学科[4]、医学[5]），但未检索到在给水排水工程中具体应用的报道。专题讲座在学术研讨上广泛应用，在具体课程教学中应用较少，安庆师范学院董长庆[6]明确提出“专题讲座法”这种教学方法，通过与传统教学法比较，该方法是提高课程教学质量的有效手段。本文结合笔者参与的工程中水泵应用存在的问题及解决问题过程中总结的经验，对已学完“泵与泵站”课程的给水排水的学生开展专题讲座，在本课程教学改革实践中进行了开创性的探索，取得了较好的教学效果。

16.2 教学目的与教学思路

16.2.1 教学目的

通过本堂课的学习，充分理解长距离输水中取水泵房水泵扬程计算的要点；在水泵调试时出水流量远远达不到设计要求时如何去分析解决问题；在本实例中应该吸取的经验。

16.2.2 教学思路

首先，根据实际工程的条件，设计一道远距离输水取水水泵扬程计算的课堂练习题，请2～3位同学将计算过程和答案写到黑板上；其次，将提出实际工程中存在的问题，请学生自己分析原因，把学生想到的所有可能原因一一书写到黑板上；接着，对学生所提出的各种原因结合学过的本课程和相关课程的专业知识进行分析评价，培养学生将理论知识应用于工程实践的能力；最后，将公布实际工程中问题发生的真实原因，作出总结。

16.3 教学内容及过程

16.3.1 工程实例提炼出的课堂练习题

［课堂练习题］ 某供水工程要求供水量为40000m^3/d（已包括净水处理站自用水），甲方要求设计输水管道管径为700mm，经测量，管线总长为10000m，取水河流枯水位为95m，沿途第一高点高程为134m（距取水口3600m），第二高点为129.5m（距取水口9000m），出水口高程为120m，见图1。请计算选泵所需的扬程（水位和高程均为黄海高程系，局部水损按沿程水损的20%估算）。

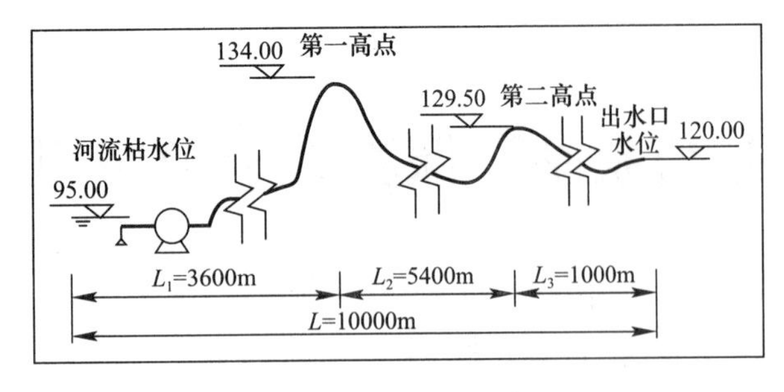

图 1　远距离输水示意图

解答本题涉及的专业知识主要是水泵扬程最不利点确定的问题，通过计算比较得知：本题最不利点为第二高点（详细计算过程在此不写出，读者可核算），所需扬程为 64.5m。通过本例题的练习与讲解，学生们复习了取水水泵设计选型中扬程的设计计算需考虑的因素有水泵本身的水损、沿程水损、局部水损及最不利点等因素，其中最重要的是最不利点的确定。并不一定最高点和最远点是最不利点，第二高点或第三高点都有可能是最不利点，需要计算确定。

16.3.2　实际工程运行存在的问题

根据 16.3.1［课堂练习题］中正确的水泵所需扬程计算结果为水泵选型，在试运行中，水泵出水口压力表已显示为 0.80MPa（即扬程已达 85m＞64.5m），但出水流量只有约 300m³/h（即为 7200m³/d，设计要求 40000m³/d），远远达不到设计要求，请找出造成这种问题的原因。

在这个环节中，采用启发式提问，充分发挥学生运用所学知识的能力，想到的所有可能原因均写到黑板上。学生想到的原因有排气阀的问题、多功能阀的问题、管道堵塞问题、水泵质量问题、水泵选型问题、高程及水位测量问题等；甚至有同学认为水泵扬程计算有问题，应该是最高点与取水点高差加上所有路程上的水损，这样计算出来的水泵所需的扬程约为 75m，与实际情况似乎很符合。

16.3.3　分析评价学生想到的原因

在这个环节中，对学生提出的各种可能原因进行分析评价，并在这一过程中，把涉及“泵与泵站”课程及相关课程（如“给水排水管道系统”）的知识点复习一遍。如水泵扬程与流量变化曲线；在管线高点为什么设排气阀，会对水泵扬程造成什么影响，会对水流造成什么影响，会对管道造成什么影响等；管道堵塞会对水泵扬程造成什么影响；工程测量对于给排水科学与工程专业的意义等。并明确告诉学生，水泵质量没问题，高程及水位测量数据没问题。现在最有可能发生的问题是多功能阀、排气阀，或是管道堵塞及水泵扬程计算错误（即 16.3.1 中提出的最不利点选择的方法不对），造成水泵选型错误。对于水泵扬程计算错误这一点，笔者作了更深入分析。根据水泵调试的实际运行参数，结合已知条件，即出水流量 Q 为 300m³/h，泵出口压力表显示为 80m，输水管径为 DN700，输水管线总长为 10000m，最高点高程为 134m，河水枯水位为 95m。在此条件下，全程沿程水损＋局部水损（按沿程水损的 20%估计）约 15m，最高点与枯水位的高差为 39m，把这两个相加只有 54m，即最不利情况下也只需要 54m 的扬程就可供 300m³/h 的水，为什么压力表显示为 80m，二者之间差值 16m（80～54m）的水头损失到什么地方去了？

16.3.4　实际工程中问题发生的真实原因

在这个工程实例中，造成这个问题的真正原因是在第一高点附近的一个蝶阀几乎全关，只开了一点。当把这个阀门全开后，以至于最后把这个阀门取消了，水泵就正常运行了，水泵出口压力约 0.54MPa，出口流量达到了 40000m³/d，完全符合设计要求，见图 2 和图 3。

图 2　解决问题前（蝶阀只开了约 10%）出口水流情况

这个问题能得以解决是笔者坚持要找出 16.3.4 中提到的约 16m 的扬程损失的原因，提出要沿程安装压力表，通过分析沿程压力变化及高程变化，就可分析水头损变化情况来判定问题所在；出于各种原因，现场施工人员、水泵销售人员、阀门销售人员都不想装，最终在笔者的坚持下说到最高点至少安装一个压力表，顺便去检查了高处的蝶阀，才发现阀门的开闭状况不对的低级错误问题，最终解决了本工程实例发生的问题。

图 3　解决问题后（蝶阀全开）出口水流情况

我们检查到这个未开的蝶阀时发现这个蝶阀上没有转动盘（用于手动开闭蝶阀的装置，图 4），现场调试人员说由于当地农民会偷走这个转动盘，因此他们开了阀门后就把转动盘取走了。这种蝶阀的转动盘是带限位装置的，如果没有这个转动盘，就会造成蝶阀在压力的作用下缓慢关闭，使得这个阀门未开，也未全闭，就造成了调试中遇到的问题。在调试前调试人员一再坚持说所有阀门都是全开的，他们也确实是做到了的。所以，这个问题深层次探讨就牵涉到社会问题而不仅仅是技术问题。

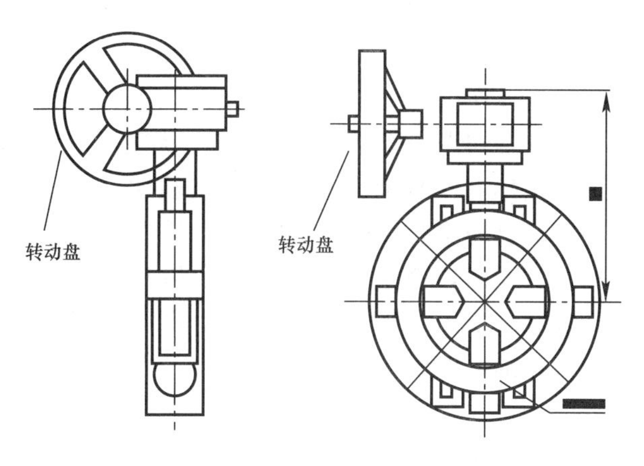

图 4　蝶阀及转动盘位置示意图

16.4　结　　语

通过一堂生动的融入工程实例的专题讲座，让学生充分理解“泵与泵站”及相关课程的知识在工程实践中如何具体应用，达到了提高学生应用专业知识综合分析和解决实际问题的能力的目的，取得了较好的教学效果；并让学生认识到，在实际工作中，有些问题不仅仅是技术问题，还可能与社会问题有关。案例教学法与专题讲座法在“泵与泵站”课程教学中的开创性的探索与实践成果，可推广到给排水科学与工程专业其他专业课程或专业基础课程的教学中，将会有利于本专业教学水平的提高。

参考文献

[1]　王烨，孙三祥，曾立去．加强实践环境探索“水泵与水泵站”课程教学新模式［J］．制冷与空调，2008，22（4）：127～130.

[2]　曾晓岚，张智，张勤等．泵与泵站课程教学改革初探［J］．高等建筑教育，2007，16（3）：85～88.

[3]　林少华，王郑，荆肇乾．多样化习题训练对教学效果的强化［J］．科技创新导报，2008，32：156～157.

[4]　汤小凝．“土木工程施工技术”课程案例教学法浅析［J］．经济师，2008，6：128～129.

[5]　张珍，柏雪莲，刘春会等．案例教学法在人体寄生虫学教学中的尝试［J］．现代医药卫生，2008，24，6：941～942.

[6]　董长贵．“专题讲座法”是提高中国近现代史纲要课程教学质量的有效手段［J］．科技文汇，2009.6（上旬刊）：86～87.

17 “水处理微生物学”课程教学优化与改革

赵 炜 王佰义
（兰州交通大学 环境与市政工程学院，甘肃 兰州，730070）

【摘要】“水处理微生物学”是给排水科学与工程专业的一门重要专业基础课。我们根据自身的教学体会，结合给水排水专业的学科特点和专业需要，对“水处理微生物学”教学内容、教学方法和手段以及实践教学进行改革，并取得良好效果。
【关键词】 水处理；微生物学；教学改革；实践教学

“水处理微生物学”是给排水科学与工程专业的一门重要专业基础课。该课程主要介绍水处理工程和环境水体水质净化过程中所涉及的生物学问题，特别是微生物问题。其主要内容包括与水处理工程和环境水体水质净化相关的生物种类的形态、生理特性及生态；水中微生物种类间的相互作用和相互影响；微生物与水中污染物的相互作用关系；水中污染物的微生物分解与转化机理；微生物在水体净化和水处理中的作用机理和规律；水中有害微生物的控制方法；水处理微生物的研究方法等方面的内容[1]。这些内容对于学生学习专业知识和以后从事城市给水排水工程、工业水处理工程、水资源利用与保护等方面的工作必不可少。

近年来，在微生物学知识的不断更新和课程教学时数不断减少的情况下，要想让学生对“水处理微生物学”方面的知识进行综合理解和掌握，能够准确把握微生物学领域的最新发展趋势和应用前景，必须对“水处理微生物学”的当前课程体系、教学内容和教学手段进行改革。

17.1 优化课程体系，丰富教学内容

“水处理微生物学”是微生物学的一个分支学科，同时也是一门应用科学。该课程与“有机化学”、“生物化学”、“微生物遗传学”、“微生物生态学”和“水质工程学”等多门学科有着非常紧密的联系。由于微生物的种类繁多，涉及内容覆盖面广[2]，使水处理微生物学课程具有教学内容零散，交叉学科广泛的显著特点。为了让学生在有限学时内系统掌握本门课程的基础理论与实验操作技能，我们根据近几年的教学实践和心得体会，结合给水排水工程的学科特点及专业需要，适当对课程体系和教学内容进行整合和优化，删除与其他课程相互重复的教学内容，并增加与专业相关方面的知识点，使整个教学内容更加丰富，侧重点突出，知识体系更加完整，便于教师讲授和学生学习，有助于提高学生的学习效率。

首先，在组织教学过程中，与实验教学内容相关的基础知识如革兰氏染色技术、灭菌与消毒、水的卫生细菌学检验等全部移到实验课上讲授，避免不必要的重复，这样可以大大节省课堂教学工作量。同时，微生物之间的关系和DNA的结构和复制等部分内容在高中生物学课已经讲解，此内容教师可以要求学生课外自学，之后通过课堂提问的方式来检查学生的掌握情况，并根据学生自学情况给予补充和纠正。

此外，“水处理微生物”是一门专业基础课程，是在学生学习和掌握其他基础课和部分专业课学习的基础上开设的。对专业课重点讲授的内容可采用简单讲解或不讲，尽量避免重复讲授，如废水生物处理的基本原理、活性污泥膨胀的形成原因、水体富营养化、生态系统的结构和特征等。

最后，根据教学内容和专业需要，适当地增加了相关知识，如光合细菌的结构和生理特性；古细菌的结构和特点以及酵母菌在废水处理中的应用等内容，使整个教学内容更加丰富，结构更加完整。

17.2 以教师教授为主，灵活运用多种教学方法

教学提倡教与学并重，这就要求教师在讲好课的同时，更要注重调动学生听课和参与课堂教学的积极性。目前，“水处理微生物学”以传统的教师课堂讲授法为主。这种教学方法对教师有很高的要求，教学效果的好坏取决于教师知识面的广泛程度、教师对本领域基础知识和发展趋势的了解及掌握情况、教师的表述能力和课堂教学的组织能力等。同时，这种传统的教学方法容易忽略学生对知识的掌握情况，易形成“灌注式”、“填鸭式”的局面。因此，教师在组织课堂教学时，根据具体的教学内容，适当采用比较教学法，比如原核微生物和真核微生物的区别；水中常见微生物类群如细菌、放线菌、酵母菌和霉菌的菌落特征比较；底物水平磷酸化、氧化磷酸化和光合磷酸化的异同等。通过比较和归纳使复杂问题简单化，零散知识连续化，有助于学生对教学内容的掌握和理解。此外，教师也可根据具体内容适当采用启发式教学法、讨论式教学法、学生自学等多种教学方式。教师通过改变单一的教学形式，鼓励学生参与课堂教学，提高学生的学习效率，培养学生自主学习的能力。

17.3 采用多媒体辅助教学

随着计算机多媒体技术和信息技术的飞速发展，将现代化的多媒体技术应用于教学中已成为教学改革的必然趋势[3]。多媒体技术集图、文、声、像于一体，形式多样，将枯燥的理论知识生动形象地展示给学生，激发其学习兴趣，可有效提高教学效率。同时多媒体教学可以将教师从繁重的板书中解脱出来，更有利于其讲课技巧的发挥，增加师生间交流的机会，增强学生的主动性和参与性[4]。与传统采用挂图、录像带、幻灯等方法相比，多媒体辅助微生物教学可以有效克服直观性差、不够形象等缺点，使教学内容更加形象生动，能够激发学生的学习热情。比如在讲授微生物的形态和结构特征、细菌的特殊结构、病毒的繁殖过程等内容时，教师通过大量的微生物普通显微照片和电子显微照片，向学生展示微生物的形态结构，加深学生对微生物真实面目的了解。同时结合各种动画、视频等方式来辅助课堂教学，演示细菌鞭毛的摆动、细菌和酵母菌的繁殖方式、病毒的吸附与侵入以及微生物营养物质的运输方式等，使复杂的教学内容简单化和直观化，便于理解。又如在讲授废水生物处理的基本原理时，通过照片展示水处理系统中的各种原生动物、藻类和菌胶团的形态结构，使学生可以感性地认识到水处理系统中的常见微生物类群以及微生物在污水资源化中的重要作用。

17.4 以教学大纲为主，适当扩展教学新内容

近年来，随着微生物学的不断发展，微生物在水处理领域的应用也得到了迅猛发展。教师在组织教学过程中，首先应以教学大纲为主，适当扩展教学新内容。在相关章节中尽量突出微生物在本领域应用的相关前沿信息。比如，在固定化酶与固定化细胞技术的讲授中，我们适量增加了酶（或微生物细胞）的提纯、固定、活力保持等方面的内容。在基因重组章节的讲授中，我们重点介绍了基因重组的主要方式、基因工程的主要操作步骤等。同时，教师根据教学内容提出相关的专题，要求学生利用课外时间通过查阅资料，了解微生物在水处理领域中的新技术和新成果。这些新内容不但激发了学生极大的学习兴趣，同时也为他们的后续课程的学习以及今后的工作应用奠定了良好的基础。

17.5 理论联系实际，注重实践教学

“水处理微生物学”也是一门应用性和实践性很强的专业基础课程。在课堂教学中，教师应重视理论与工程实践的有机结合，突出微生物在水处理中的地位和作用。在实验教学中，除了要求学生严格按照规程完成实验内容的学习外，我们还坚持理论与实践相结合的原则，努力开办第二课堂，组织部分学生参与教师科研任务，或组成实验小组在教师指导下，应用所学知识进行卫生细菌学检验工作。近年来，有的学生参加了厌氧

反应器主要细菌生理群的研究，有的学生参加了学校食堂部分食品或学生宿舍部分学生用品的卫生细菌学检验。历届本科学生在实验教学结束后都针对兰州小西湖湖水大肠菌群数与细菌总数的测试结果进行分析并书写分析与评价报告。所有这些教学手段都对培养学生分析问题与解决问题的能力，提高水处理微生物学课程的教学质量起到了极大的促进作用。

参考文献

[1] 顾夏声. 水处理微生物学 [M]. 北京：中国建筑工业出版社，2006.

[2] 王士芬，施鼎方. 浅析环境微生物学实验教学 [J]. 实验技术与管理，2005，(22)：110-112.

[3] 王学刚，刘亚洁. 环境工程微生物学多媒体实验课件开发 [J]. 甘肃科技，2006，(22)：181-182.

[4] 王红妹. 微生物学多媒体教学的实践与思考 [J]. 教育研究，2006，6：82-83.

18 “水处理微生物学”教学模式的改进与实践

苏俊峰　刘立军
（西安建筑科技大学 环境与市政工程学院，陕西 西安，710055）

【摘要】“水处理微生物学”课程内容具有一定的抽象性，如何在教学过程中变抽象为具体，激发学生学习兴趣尤为重要。为提高微生物学教学质量，从教学内容、教学方法和教学手段3方面进行了教学改进与实践，取得了较好的教学效果。
【关键词】 水处理微生物；教学质量；教学实践

18.1 前　　言

水处理微生物是为了研究水处理工程和环境水体水质净化过程所涉及的生物学问题，满足水处理和环境水体水质净化过程的需要而发展起来的一门边缘学科。学好水处理微生物学这门课程，可以为后续专业课如水质工程学的学习打好坚实的基础。

微生物与人类生活密切相关，但微生物个体微小，学生们对它的认识比较困难，这使得“水处理微生物学”的教学变得比较抽象难懂。传统的教学方式还会使抽象的理论变得十分乏味无趣，降低了学生学习的兴趣，减弱了学习的积极性。因此，如何将微观、抽象的微生物世界以直观、形象、生动、简明的形式表现出来，充分调动学生学习的积极性、主动性和创造性，培养学生独立分析问题和解决问题的能力显得尤为重要。因此，针对该课程的特点，在理论教学的方法以及教学实践等内容方面进行了一些探索。

18.2 激发学生的学习兴趣

学习兴趣是学习的最佳动力。只有在充分激发学生的兴趣、调动他们的想象力和参与能力的情况下，才能最大限度地发挥效力。在课堂教学中，如果僵化地向学生灌输知识，不重视师生之间的情感交流，在课堂上缺乏与学生的互动，容易让学生觉得枯燥乏味，很可能使学生失去对水处理微生物学的学习兴趣。相反，如果在教学中与学生进行互动，鼓励学生积极参与课堂教学活动，在课前布置预习任务，让学生带着问题进行预习，启发和鼓励学生自己主动提出问题，在回答学生学习中遇到的问题时不直接作答，在解答问题的不同阶段适时地设下悬疑，这样既激起学生的好奇心和求知欲，又拓展了学生的思维空间。同时适时创造研讨机会，让学生走上讲台，锻炼表达能力，使其各抒己见，充分参与课堂教学。在课堂教学中理论联系实际，例如在讲到微生物遗传这章内容时，可以与当今科学领域研究的热点——转基因和克隆相结合，用生动的事例来激发学生的兴趣，从而使学生变被动学习为主动学习，为培养学生的创造性思维打下基础。

18.3 合理利用多媒体教学

多媒体技术是20世纪末发展起来的主要的电化教育手段，是未来课堂教学的主要方向。“水处理微生物学”的教学内容涉及大量形态、结构的描述以及较复杂的实验操作步骤和技术。传统的教学方法多以课堂讲授为单一模式，学生不易直观理解和接受，对于一些抽象的理论、概念，学生听过之后很难理解，同时频繁书写板书，不仅浪费时间，而且影响了思路的连贯性。而采用多媒体教学可避免以上弊端，借助多媒体进行教学，可以向学生们展示许多精美的微生物图片和微生物工程应用，使看不见摸不着的细小微生物栩栩如生地展示在学生面前，微生物结构更为直观、形象，病毒侵染过程更为生动有趣和容易理解，给学生留下深刻的印象，加深了学生对理论知识的理解，达到了理想的教学效果。还可以把教案经过适当整理后拷贝给学生，这样便可以使学生在上课时能将注意力集中在听课而不是记笔记上。教学过程变得形象生动，教师教得轻松，学生听得明白，从而达到良好的教学效果。

18.4 加大新知识和新技术的讲授

“水处理微生物学”作为一门新兴的边缘学科，与分子生物学、微生物学及水处理科学密切相关。随着生命科学及水处理学科的飞速发展，新的科研成果及实验技术与方法不断涌现，特别是日新月异的分子生物学技术已渗透到生物科学和技术的各个领域，因此必须及时更新知识结构，跟踪学科前沿发展变化的动态，将新的知识和新技术及时增加到教学内容中。教学中可用一定篇幅讲述基因工程的原理及相关操作，如 DNA 的提取、重组、表达、测序等技术在水处理工程中的应用现状和发展前景；在讲到大肠杆菌的检测时，介绍常规检测技术的同时，还可以介绍一些新的检测技术，如利用基因扩增（PCR）及放射线同位素示踪检测大肠杆菌，让学生熟悉和掌握学科前沿新的理论知识和操作技术。同时还可以把一些和日常生活关系密切的知识，例如甲肝和乙肝病毒的区别、传播及预防，转基因食品的安全性，SARS、禽流感的暴发与预防等内容，以科普形式介绍给学生，这样既活跃了课堂气氛，拓宽了学生的知识面，又调动了学生的学习积极性，激发学生的好奇心和求知欲，为学生将来深入开展研究工作打下良好的理论基础。

18.5 注重教学内容的整体性和系统性

“水处理微生物学”课程具有知识点多、记忆量大、容易混淆等特点，目前，国内“水处理微生物学”课程教材设置的内容普遍以水处理微生物学基础、污染物的生物分解与转化和水质安全与生物监测三部分为主，而水处理微生物学基础部分与污染物的生物分解与转化和水质安全与生物监测部分结合不紧密。因此，必须注重教学内容的整体性和系统性。

首先，必须让学生掌握水处理微生物的命名方法、形态结构、生理特征和遗传变异等基础理论和概念，为后两部分内容的学习打下良好的理论基础。从第一部分的理论知识过渡到后两部分的实际应用时，可采用启发式的教学方式，可以先让学生思考：前面第一篇所讲的内容是什么？最终目的是什么？在学生深入思考的基础上，教师带领学生对第一部分所学内容做概括性的总结，我们认识微生物、了解微生物的最终目的是微生物在水处理领域的应用。水处理中怎样利用微生物处理污水？为何不采用物理和化学方法处理污水？水质监测时为什么检测大肠菌群而不是某些致病细菌，通过一连串的设问自然过渡到后两部分内容。这样的问答可以引起学生的思考，提高他们学习的兴趣。

其次，重点应放在微生物在水处理领域的应用，如有机污染物的生物降解、生物脱氮除磷的原理和应用、水质安全和卫生学的生物监测等，为今后水质工程学的学习奠定良好的理论基础。

18.6 改革实验课教学

实验教学是微生物学课程教学的重要环节，通过实验课不仅可以加深学生对课堂理论知识的理解和巩固，而且能够培养学生理论联系实际、分析问题和解决问题的能力，避免传统模式下某些学生只会死记硬背和缺乏实际能力的“高分低能”现象。为此，要求学生每次实验前必须预习，并写出预习报告，上课时指导教师通过检查预习报告了解学生对相关知识的掌握情况。在实验教学中，坚持以学生为主体，以设计为重点，增强了教学实验的兴趣，提高了学生的积极性。也可将过去单个独立、互不相关的实验改为一个或几个连续的大实验，这样，既能提高学生对实验的兴趣，又能促使他们将所学的理论知识联系起来，从而加深对微生物的认识。实验课上注意基本操作技能的训练，根据各实验的具体要求，认真指导，规范操作，及时发现学生在实验中遇到的问题，耐心指导，使学生在解决问题的同时牢固掌握相关的知识点。

参考文献

[1] 杨朝晖，曾光明，刘云国等. 环境工程微生物学教学改革的探索与实践 [J]. 大学教育科学，2004，3(87)：45-47.

[2] 刘慧龙，胡将军，张根寿等. 水处理微生物学实验

教学改革［J］. 实验室研究与探索，2004，2（23）：60-62.

［3］ 边艳青，贺进田，赵宝华. 创建微生物实验教学新体系培养学生的综合能力［J］. 实验室科学，2008，3：15-17.

［4］ 杨文博. 优化微生物学教学［J］. 微生物学通报，1996，（3）：101-102.

［5］ 王立梅，徐冰. “微生物学”课程教学改革的体会［J］. 江南大学学报（教育科学版），2007，4（12）：73-74.

19 “水处理生物学”课程建设探索

孟雪征　曹相生　郑晓瑛
（北京工业大学，北京，100124）

【摘要】“水处理生物学”是给排水科学与工程专业的必修专业基础课程，其基础知识在专业中应用广泛，学生必须学好本课程才能更好地学习后续专业课程，本文针对学生知识背景及专业需要，从教学内容的安排、教学方法等方面进行了一些改革，以求培养出更适合专业发展的人才。
【关键词】 水处理生物学；课程建设：教学改革

“水处理生物学”是给排水科学与工程专业学生必修的一门专业基础课程，是理论知识与实践应用紧密结合的纽带，在水处理领域具有重要的地位。学生学好这门课，为进一步学习“水质工程学”等专业课打下坚实的基础。

该课程的特点是涉及面广、发展迅速、实践性和应用性强。“水处理生物学”主要研究水处理工程和环境水体水质净化过程中所涉及的生物学问题，特别是微生物问题。其中涉及普通生物学、普通微生物学、环境微生物学，生物化学、遗传学、生态学和水质工程学等多个学科的知识。“水处理生物学”又不同于“普通生物学”，它是以普通微生物学为主，将生物学（主要是微生物学）的理论、技术、方法应用到水处理实践中。授课的对象是给水排水专业的学生，这些学生在大学时没有学过该课程的先修课程。在高中阶段虽然学习了部分生物学知识，但由于微生物方面的内容是选修内容，且不作为高考内容，有些学校根本就没有教授，这就造成给水排水专业的学生在接触水处理生物学课程之前，微生物学知识非常少。因此，该课程的教学具有较大的难度，为了能在有限的课时内，使学生掌握课程的精髓，我们在课程建设方面做了一些工作，并应用到教学中，取得了较好的教学效果。

北京工业大学给排水科学与工程专业开设时间较早，在“水处理生物学”课程建设方面，前辈们做了大量的工作，并为“水处理微生物学”课程编制了适合我校实际情况的大纲及实验参考书，但由于专业的发展和教材改编，教学内容增加较多，原有学时的大纲有些已不太适用，因此，我们在前辈的基础上又做了一些工作。

19.1 “水处理生物学”学时及内容调整

“水处理微生物学”原课时36学时，理论课24学时，实验课12学时。由于教学内容的增加，我校将总学时增加为48学时，其中理论课学时30学时，实验学时18学时。虽然学时有所增加，但对于内容和专业发展，增加的还相对较少，用较少的学时来讲授如此繁杂的内容，其难度是很大的。另外，由于受学生的知识背景所限，我们不能生搬微生物学或是生物学已有的教学内容和方法，在教学中需要根据专业特点、学生知识背景对教学内容进行适当的调整，并采取适合本专业学生学习的教学方法。

19.1.1 理论课学时分配及内容调整

我们对理论教学的安排如下：生物学基础部分安排20学时，应用部分安排10学时。表面上看教学内容似乎偏重基础知识，其实不然。教学经验发现，把基础知识和应用部分完全割裂开讲，教学效果不好。因此在基础知识中穿插了大量的应用部分，应用部分的学时不只表面10学时，而是把每一部分的专业知识融入渗透到基础知识中。如：第一章原核微生物中讲细菌的荚膜时，会讲到菌胶团，从而引出活性污泥和生物处理的概念。在讲内含物中的异染颗粒和聚β-羟基丁酸盐时，引出生物除磷，并向学生解释为什么要去除水中的磷，从而引出水华和富营养化。在讲丝状菌时要讲污泥膨胀，这样就很自然地把污泥膨胀的类型、特点引出来，等等。

另外，我们对教材中的内容也作了一些增减。一些与专业联系不密切的知识作为自学内容，不占用课堂学时，如支原体、立克次氏体和衣原体、酵母菌的生活史、霉菌的孢子、底栖动物和有害水生植物及其控制等。在基础知识部分增加了专业中新出现的DNA重组技术、荧光原位杂交，基因扩增，变性梯度凝胶电泳等分子生物学知识的介绍。在应用部分污水生物脱氮是水处理的热点之一，在教学中除了介绍传统脱氮理论，还增加了短程硝化反硝化等新理论的介绍。

19.1.2 实验课学时分配及内容调整

北京工业大学原水处理生物学实验项目较为合理，在大纲的编写过程中，仅对学时分配作了一些简单的调整，见表1。如：显微镜使用微生物和微生物形态观察实验，原为2学时的一个实验，实验内容包括低倍镜的使用、高倍镜的使用、水浸片的制作、原生动物的观察、细菌形态的观察。在教学中发现，这么多的内容仅用2学时，学生总是完不成任务，因此将这一实验内容分为两部分，把高倍镜的使用和低倍镜使用，放在两个实验中分别完成，并在微生物形态观察中增加了放线菌、霉菌和酵母菌形态的观察内容。另外原实验课设置中，为了节省课时，将微生物纯种分离培养与接种和多管发酵法测大肠菌群两个实验套做，也就是在做微生物分离的同时，做初发酵试验，经过几年的教学实践发现这么做通常会使学生对于两个实验的目的不明确。我们决定不再采用套做的方法，而是为大肠菌群实验增加了1个学时，并作为一个综合型实验，把大部分的准备工作让学生利用第二课堂的时间在课余时间完成，提高了学生自己组织设计实验的能力。

学时分配　　　　表1

实验项目名称	学时	必做或选做
研究方法介绍及实验室参观	2	必做
显微镜的使用及活性污泥/生物膜生物相识别	2	必做
微生物形态的观察	2	必做
革兰氏染色	2	必做
培养基的制备及器皿的包扎与灭菌	3	必做
微生物的纯种分离、培养与接种	2	必做
细菌的计数	2	必做

续表

实验项目名称	学时	必做或选做
藻类的生长及抑制实验	3	三选一
活性污泥呼吸活性的测定	3	
大肠菌群的测定	3	

19.2 教学方法的改革

19.2.1 运用多媒体技术改善教学效果

微生物有着看不见摸不着的独特之处。因此必须通过一些手段让学生增强感性认识，传统的微生物教学，教师每节课经常要拿着各种挂图，在课堂上随着讲述的内容要不断地更换挂图，这就浪费了时间，并频繁打断学生的思路，教学效果不好。而借助多媒体进行教学则更为生动，教学信息量显著提高。如，在讲污泥膨胀时，运用动画可以比较污泥膨胀的发生，并与正常污泥形态对比，增强了学生的感性认识。在适当的教学内容中可以利用网络搜索有关的专业文献，增强学生对基础知识的学习兴趣。

19.2.2 利用科研课题为教学准备素材

北京工业大学教师科研方向较多，为“水处理生物学”教学素材的准备提供了便利条件。如：在做除铁、除锰研究时把铁锰细菌的显微摄影照片保存下来，做DAPI荧光染色时，就保留下荧光染色的照片，在课堂上讲铁细菌时放给学生看；在实验项目原生动物观察中，我们也是利用研究生现时反应器中的污泥作为实验材料，但每次实验时原生动物种类不是很丰富，我们就在平时课题研究过程中注意保存下各种原生动物显微照片。素材多，在教学中就得心应手，且这些素材就取自身边，学生如感兴趣，可以随时介绍他们参加课题研究。

19.2.3 在实验课前播放实验教学录像

微生物实验操作不同于其他实验，在实验教学中特别强调无菌操作，在传统教学中，实验课上老师必须手把手地教授，才能使学生真正掌握无菌操作技巧，但在有限的课时内，很难教会每个学生，针对这种情况，以前采用的办法是把学生分为小组，每次实验要分成几组分别完成，这就增加了教师的实验准备工作量。为了提高效率和教学效果，我们在课前为学生播放实验教学录像，让他们事先了解无菌操作的技巧，同时教师在课上为学生做演示实验，通过实践发现这样完全可以保证实验效果。

19.3 提高教师素质

在高校的各项工作中，教学是基础，科研是主导，任何高校教师必须同时兼顾教学与科研，时刻关注本学科的最新进展。一个教师如果不做科研，或是不关注学科的前沿，只搞教学，只传授课本上的知识，那么就会成为一个教书匠。在教学中将科研的方法、成果和先进技术选择性地融入教学，使教学内容与专业发展紧密结合，才能教出适合社会需要的学生。

19.4 结　　语

“水处理生物学”作为一门专业基础课程，其教学不仅仅是知识的传授，更是能力的培养。在教学过程中应该有意识地优化教学内容，并采取多种教学方式，将专业所需的知识融入专业实践中，培养学生科学思维的能力，以培养出适应专业发展需要的人才。

参考文献

[1] 金云霄，吴长航. 水处理微生物学教学改革的探索[J]，科技创新导报，2009，(28)：20-21.
[2] 曾薇，王淑莹，彭永臻. 环境微生物学研究性教学的探索 [J]，中国现代教育装备，2008，(6)：95-97.
[3] 魏明宝，魏丽芳，郑先君. 关于环境微生物学教学改革的探索与思考 [J]，考试周刊，2008，(18)：14-15.

第3篇　实践教学

20　给排水科学与工程专业实验教学的课时设置分析及教学改革实践

吴慧英　施　周　许仕荣　任文辉　饶　明
（湖南大学　土木工程学院水工程与科学系，湖南 长沙，410082）

【摘要】 实验教学是培养学生实践能力、创新能力和创造精神的重要途径。本论文对国内外高校给排水科学与工程及相关专业培养方案中实验教学课程设置及各实验课程所占学分或课时分配比例等情况进行了调查分析，对我校给水排水专业水处理实验课教学改革实践进行了总结，提出了建立多层次实验教学体系的具体措施。

【关键词】 给排水科学与工程专业；实验教学；教学改革

培养具有创新精神和较强实践能力的人才，是高等教育的主要任务，而实验教学是高等教育实现这一任务不可缺少的一个重要组成部分，它通过复杂的实验活动对学生的训练和引导，在培养学生动手能力、观察能力、查阅资料能力、思维能力、想象能力、表达能力和分析问题解决问题的能力方面起着不可低估的作用，是实施素质教育、培养学生实践能力、创新能力和创造精神的重要途径[1-3]。按照我国高等教育改革“厚基础、宽口径、重实践”的原则，对给排水科学与工程专业等工科类学生而言，在优化其工科应用型人才的知识能力结构使之符合培养目标的同时，加强实践教学，对实验教学体系、实验教学内容等进行研究与改革，建设好一个与我国经济发展相匹配、能培养学生综合能力、体现先进试验手段的实验教学体系和教学平台已成为当务之急。为此，本文对国内外多所高校给排水科学与工程及相关专业培养方案中实验教学课程设置、各类实验课程所占学分或课时分配比例等指标进行了分析探讨，并结合我校给排水科学与工程专业水处理实验课教学改革的实践与体会，对给排水科学与工程实验教学改革进行探讨。

20.1　国内外高校给排水科学与工程及相关专业实验课程课时构成分析

国内15所已通过住房和城乡建设部给排水科学与工程评估高校的给排水科学与工程、美国斯坦福大学土木环境与水研究专业及美国田纳西大学土木与环境工程专业的培养方案中实验教学课程设置、各类实验课程所占学分或课时分配比例等情况的调查分析结果列于表1。综合表1的结果，可从以下两个方面对国内外给水排水及相关专业本科实验教学的特点进行分析。

从实验教学课程设置看，国内15所高校实验课程设置大致相同，基础类实验课程大都设置有物理、化学、力学和电工电子实验；专业基础类实验课程主要有流体力学与水泵、水分析化学和水微生物学实验，个别学校还设有环境监测、建筑给水排水、环境工程原理、固体废弃物处理与处置、仪器分析等实验课；水处理实验则是国内给水排水专业必不可少的专业核心类实验课。国外高校没有专门的给水排水专业，只有与之相近的土木与环境类专业，由于各高校专业培养的侧重点不同，其实验课程设置差别较大，如斯坦福大学注重专业基础类实验教学，设置有流体力学和水化学等专业基础类实验课程，基础类实验课很少；而田纳西大学侧重于基础类实验教学，设有化学、物理学、电路学等基础类实验课程，几乎没有专业基础类实验课。国外高校没有设置单独的水处理实验课，统计中将环境工程与技术类实验课归并到水处理实验课中，该实验课中一般含有与水处理有关的实验内容，但可能还含有大气污染控制及固体废弃物处理等方面的实验内容。

国内外高校给排水科学与工程及相关专业实验课程课时（学分）构成及比例分配　　表1

序号	学校名称	总学时（总学分）	实验课总比例（%）	基础类实验所占比例（%）	专业基础类所占比例（%）	水处理实验所占比例（%）
1	清华大学	(174)	(8.0)	(3.4)	(4.0)	(0.6)
2	同济大学	2550 (177)	7	3.7	1.9	1.3 (0.6)
3	哈尔滨工业大学	2564 (182)	6.5	3.7	2	0.8
4	重庆大学	2227 (168)	8.9	4.8	3.1	0.9
5	湖南大学	2372 (172)	7.2	4.4	1.8	1.0 (0.6)
6	吉林建工学院	2500 (182)	7	3.6	2.5	0.9
7	武汉大学	(150)	(3.7)	(2.0)	(0.7)	(1.0)
8	扬州大学	(176)	(3.4)	(1.1)	(1.4)	(0.9)
9	苏州科技学院	2558 (199)	7.2	3	2.3	1.9
10	山东建筑大学	2496 (201)	4.6	3.8	0.8	0.6
11	桂林理工大学	2718 (212)	7.4	3.4	2.1	1.8
12	青岛理工大学	2498 (210)	5.2	2.8	1.6	0.8
13	天津城建学院	2596 (188)	8.6	5.2	1.5	1.8
14	四川大学	2880 (180)	9.1	4.8	2	2.3
15	长安大学	2500 (202)	6.2	2.6	0.8	2.9
16	国内十五所平均	185	6.7	3.5	1.9	1.3
17	美国斯坦福大学	(113)	(5.3)	(0.9)	(3.5)	(0.9)
18	美国田纳西大学	(128)	(5.5)	(4.7)	—	(0.8)

注：不带括号的数字为总学时及各类实验课学时占总学时百分比，括号内为总学分及各类实验课学分占总学分的百分比。

从各高校实验课程占其总学分或学时的比例及其分配看，国内15所高校实验课程所占比重差别较大，从3.4%到9.1%，其平均值（6.7%）高出美国两所大学20%左右。但国外两高校实验课所占比重大致相同。说明国内部分实验课时偏低的高校其实验课程设置还有调整的空间。另外，表中大部分国内高校基础类实验课所占比例与专业类实验课（包括专业基础类和水处理实验）所占比例相近，而国外高校则根据各自的专业培养特色，两类实验课所占比重相差甚远。说明国内高校在实践性教学中注重基础与专业的均衡发展，但展示各自高校的培养特色可能不充分。我校给水排水专业实验课程所占比例与国内高校平均值接近，基本能适合国内高等教育的实际，又体现利于学生能力培养和发展的需要。但基础类实验比重偏高（较平均值高0.9%）、专业类实验课（即水处理实验课）比重偏低（较平均值低0.3%）。为此，近年来我校给水排水专业对水处理实验教学进行了改革，以适用学校通识教育与专业教育“两阶段”人才培养模式下学分制改革的需要，并顺应国际教育发展趋势。

20.2　水处理实验教学改革的实践

以培养“学生创新和综合能力”为目标的高等教育改革对学生创新能力的要求在日益高涨，对实验教学、特别是专业教育阶段学生对实验教学的要求更高。为此，我校给水排水专业本着“提高教学质量，培养创新人才”的宗旨，对水处理实验教学进行了以下改革探索。

20.2.1　转变实验教学观念，建立多层次的实验教学体系

我们在以往的实验教学中，教学模式以教师为主体，实验教学设计是围绕教师的教学活动展开的。学生虽然也参与了实验教学活动，但实质上是处于被动模仿的学习状态。实验内容也以验证性实验为主，内容较单一。主要实验项目包括混凝沉淀、滤料筛分、过滤、离子交换软化、清水充氧、拥挤沉降和膨胀中和等实验。通过实验

教学改革，树立了以“学生为主体、教师为主导”的实验教学理念[4]，并以培养学生创新和综合能力为目标，建立了演示实验—验证实验—综合设计实验—SIT 创新实验的多层次、循序渐进的实验教学体系。注重在实验各环节、各层次中对学生自主学习能力、动手能力、观察力、丰富的想象力和创新意识的培养训练。

20.2.2 优化实验教学内容、改进教学方法

将实验内容和实验能力的培养按照演示实验—验证实验—综合设计实验—SIT 创新实验研究四个层次组织实验教学，并且根据不同的实验项目、内容、要求，采取不同的实验教学方法。具体措施包括：

（1）增设演示、观摩实验项目

实验内容主要是对先进的实验设备、专业课程重要原理的演示、观摩，以及学科发展的前沿知识介绍。如卫生器具、大型排水立管测试装置、V 型滤池、虹吸滤池、氧化沟等实验装置的构造和工作原理演示、观摩。这部分实验由相应课程教学老师根据课程教学进程安排实验时间，将理论教学与实验教学紧密结合，相辅相成。既加深了学生对书本知识的理解，激发学习兴趣，又训练了学生的观察能力、理解能力。这部分内容未计入实验教学课时中，由相应的理论课教学老师在理论教学课时内或课余完成。

（2）精选水处理实验教材中的验证性实验，加强基本实验技能训练

给排水科学与工程专业是一门技术性、实用性较强的专业，要求所培养的学生具有较强的实际操作能力和工程实践能力。为此，结合我校“两阶段”人才培养模式下学分制改革的需要，在实验教学改革中秉承基础验证性实验“少而精”，强化综合创新实验的原则，在《水处理实验技术》教材中精选了 6 个基础验证性实验项目，即混凝沉淀、过滤、离子交换软化、清水充氧、拥挤沉降和膨胀中和实验。将活性污泥耗氧速率及污泥比阻实验、活性炭吸附实验等归并到综合实验中进行。同时加强对每个实验项目的深度要求。例如，要求学生在进实验室前必须写好预习报告，明确实验的目的、要求、原理、仪器设备选用与安装、操作方法等，并根据预习情况，有针对性地提出问题，使学生带着问题做实验，有利于提高实验教学效果。对一些新接触或较复杂的操作，要求指导教师做示教，使学生能够真正接受。但实验中所有的实验设计和实验过程都要求在教师指导下由学生独立完成，充分发挥学生的主观能动性和创造性思维。

（3）加强学生自主研究性的综合实验

综合性实验教学的重点在于对学生观察问题、发现问题、分析并解决问题等的综合能力培养。因此，我校在实验教学改革中加强了综合设计性实验教学。实验教学方法采用研讨式教学，学生可自行选择感兴趣的内容开展实验，实验室也开发设计了一批有代表性的综合性实验项目，供学生自主选择。所有实验项目的选定或拟定过程要求学生查阅 5～10 篇中外文献，并自行制定初步实验方案，经指导老师审查通过后方能开展实验。从实验的准备、实验器材的选定，到实验方案的制定、实施，实验结果的分析讨论，最后到实验报告的编制全过程全部由学生自主完成，指导老师只在一些关键、疑难问题上提供指导，并最终组织各实验小组进行实验的讨论、点评和成绩评定。实验时间一般为 1～3 周。这种实验教学方式，极大地调动了学生的主观能动性，激发学习热情，培养学生的创造性思维能力和实验组织能力。到目前为止，开设的综合实验项目包括混凝法去除微污染水中有机物的实验、多因素对活性污泥氧转移系数和污泥比阻影响实验、活性炭吸附去除水中有机物实验、过滤工艺除铁实验、有机污染物的生物降解实验、铁屑法处理含铬污水实验、氯胺消毒实验等内容。

（4）开展 SIT 创新性实验研究，培养学生创新能力

以《国家大学生创新性实验计划指南》为指导，以学生为主体，以项目为载体，以兴趣驱动、自主实验、重在过程为原则，建立了国家、省、校三级创新实验计划与创新训练（SIT）项目体系，鼓励部分优秀学生从大二阶段起，利用课余时间提前进入实验室开展科学研究活动。学生根据个人的兴趣和所学的知识，自主组建科技活动小组，经小组研讨、查阅资料后，自行拟定研究课题，并寻求指导老师合作，专业教师也结合各自的研究课题和研究方向，提供一批高质量的研究课题供学生选择。SIT 项目实行学生负责制，合作导师提供指导，其专项经费也由学生支配。

各级 SIT 项目从立项申请到项目结题都必须经过学院或学校组织的专家组进行公开答辩，并分别提交立项申请书和项目总结报告。学院对 SIT 项目的进展进行监督检查。SIT 项目不计入实验学分。为鼓励优秀学生参与 SIT 项目，学校还设有奖励制度。如根据学生完成 SIT 项目的情况，分别给予 1～2 学分的奖励，并可替代部分选修课的学分；对优秀的 SIT 项目完成人进行表彰并颁发证书，为其今后继续深造或就业创造条件。这些措施极大地激发了学生的学习积极性和主动性，培养了学生的独立意识、科学态度、积极探索精神和创新能力。实验的成功、数据的分析处理、结论的得出也使学生尝试到了创新与探索未知的乐趣，学会并重视通过实验来解决问题。近两年，本专业有 30 名学生申请了 8 项 SIT 项目，约占学生总人数的 18%；其中国家级项目一项、校重点项目一项、校级一般项目 6 项。已经结题的 SIT 项目中，获校一等奖一项、校优秀奖一项、土木院二等奖一项。可见，开展 SIT 创新性实验改革效果显著。

20.2.3 充分利用实验室资源，加大开放实验的力度

开放实验是实验教学的必由之路，为学生的自主学习创造有利条件。实验的开放包括实验内容的开放和实验室的开放。实验内容的开放是根据实验室的条件允许学生对所学知识或所感兴趣的问题进行试验，而不局限于课堂教学内容或固定实验项目；实验室的开放是在实验时间上采取更加灵活开放的方式，允许学生在课余时间或周末进入实验室。本学科四个层次的实验教学中，综合实验和 SIT 创新实验均为开放性实验。允许学生自主安排实验内容和实验时间，并将本科开放实验与研究生的实验研究统一管理，使学生有足够的时间来调整、修改实验方案、研究实验现象、分析实验结果。同时，加强了本科生实验研究与硕士生科学研究之间的衔接，本科生在开放实验中遇到的问题可随时跟研究生探讨、请教，把握处理实际问题的思路和技巧，这也为今后读研究生的学生顺利完成从本科生向研究生过渡创造了条件。

20.3 结　语

几年来，通过实践给排水科学与工程专业实验教学的改革，学生参与实验研究的积极性和主动性得到了提高，学生分析问题、解决问题和实验创新能力得到加强，并在创新实验研究方面取得了一定成效。在强调能力培养、重视素质教育的今天，实验教学的改革显得尤为重要。今后，还将在不断总结经验、继续深化和完善实验教学改革的基础上，不断提高实验教学的水平和效果。

参考文献

[1] 杨荣华.“一体化、多层次”实验教学体系的改革与实践 [J]. 岱宗学刊，2006，10 (3)：95-96.

[2] 徐莹，尹玉，白宪臣. 建筑材料试验教学创新改革探讨 [J]. 黄河水利职业技术学院学报，2004，16 (1)：74-75.

[3] 荣昶，赵向阳，蔡惠萍. 实验教学与创新能力培养探析 [J]. 实验室研究与探索，2004，23 (1)：12-13，22.

[4] 杨中喜，陶文宏，邱学农等. 现代材料测试方法实验课程的改革与探索. 实验技术与管理，2006，23 (6)：94-95.

21　关于“给水排水管网”课程设计改革的几点体会

许　兵

（山东建筑大学　市政与环境工程学院，山东 济南，250101）

【摘要】 当前随着本科院校的扩招，“给水排水管网”课程设计存在着一些问题。为了问题的解决以及提高课程设计的效果，提出一些措施和解决方法。在实际应用中，这些措施和解决方法取得了良好的效果。

【关键词】 给水排水管网；课程设计；改革

把学生培养成具有高素质、综合性、国际性的人才是当前高等教育的首要目标。作为工程类专业的目的就是为了培养具有扎实的基础知识、丰富的工程经验，能够承担国家建设需要的高级技术人员。给水排水专业作为一门工程类专业，其毕业生毕业后大多数到设计或者施工部门工作，这就对学生实际设计经历有一定的要求。就“给水排水管网”课程来说，它是一门应用性、工程性很强的课程，学生在课堂上学到的知识，需要通过一定的实践来巩固，充实，加强。就上述方面来说，“给水排水管网”课程设计的重要性不言而喻。课程设计对于提高学生实践能力、创新能力以及科学素养具有课堂理论教学不可替代的作用。但就目前来讲，在校生“给水排水管网”课程设计显现出几个比较突出的问题。

21.1　“给水排水管网”课程设计的现状

（1）课时数量少

近几年，随着本科院校的扩招，给水排水专业本科在校生的数量也随之增加，一些院校的给水排水专业本科生已经超过百人，而“给水排水管网”课时数量比较少，在课堂教学中很难有时间单独对课程设计内容进行讲授。这样，如此数量的学生在同时进行课程设计时就会出现很多问题，这些问题的解决主要依靠指导教师进行现场解答，而指导课程设计的老师数量非常有限，及时解决所有学生提出的问题是非常困难的。对此，多数指导教师是深有体会。

（2）课程设计时间短

根据课程的安排，一般设计时间为给水管网、排水管网各一周。用一周的时间设计一套比较复杂的管网系统是很困难的。所以，目前进行管网设计时，采用的设计题目相对来说比较简单，要求也比较低，对学生实际设计能力的锻炼效果有限。如在进行给水管网课程设计时，需要对管网进行校核，如果校核不合适，需要调整管网，重新进行平差，再进行校核，由于学生普遍没有工程经验，管线布置未必很合理，需要调整的次数可能比较多，但一周的时间做这些工作非常紧张。

（3）课程设计的资料较为简单、不够详细，设计要求过低

由于课程设计的时间短，本科生课程设计的要求也随之降低，如进行排水管网设计时，只要求学生进行污水管网或者雨水管网设计，很少进行污水、雨水两套管道系统设计，这样就不考虑在道路横断面上管道布置情况。对于设置泵站是否在经济上合理，由于课程设计的资料不是特别详细，要求比较低，很少让学生去考虑，很多学生都忽略了这个问题。

（4）学生对给水排水管网实际施工状况了解较少

给水排水管道工程课程的教学计划中没有安排参观实习，学生对管网施工情况没有直观了解，特别是对于一些特殊情况，如管道穿越铁路等情况没有足够的了解。在课程设计中，遇到这些情况，学生处理能力就明显不足，不知道管道如何穿越铁路，如何进行施工以及施工的代价有多大。这些往往使学生做课程设计时出现一些错误。

21.2 关于课程设计的几点改革设想

根据上面所提到的问题，提出下面几点改革想法：

（1）针对学生较多的情况

可以聘请专业设计院经验丰富的工程设计人员作为指导教师，这些设计人员对设计有较深的理解，可以引导学生从工程的角度考虑问题，改变学生做课程设计死抠课本的做法。同时，也鼓励青年教师多参与实际工程的设计，多与这些设计人员多交流，丰富设计经验，这样可以更好地指导课程设计。

（2）安排学生参观施工现场

可以在合适的时间，安排学生参观一些管道施工现场，了解管道如何进行敷设，清楚看到管道在地下的位置。还可以让学生参观已有的管道穿越特殊地段等情况的现场，丰富学生的实际经验。当然，如果时间不允许安排这样的活动，教师可以使用多媒体播放一些相关的影音资料，也可以起到相当不错的效果。

（3）延长课程设计时间

本科教学规定给水管网、排水管网课程设计时间均为一周，但在实际教学中，可以将课程设计时间无形地延长。在讲授课程开始时就将设计题目布置好，随着讲授课程的进行，学生可以分步进行课程设计。如，课堂教学讲授到管网的布置时，就可以让学生进行课程设计中管网的布置，并且及时与指导教师进行沟通，可以有效防止学生出现管道布置不合理的现象；课堂教学讲授到水量计算时，学生就可以进行管网课程设计中的水量计算。这样，学生的课程设计时间无形中延长到整个学期。在这种情况下，对于课程设计可以布置一些比较复杂或者比较综合的题目，让学生进行多个角度考虑，进行多方案比较，设计深度也可以大大提高，能够很好地提高学生实际设计能力。

（4）使用设计软件

考虑到当前实际工程设计中的实际情况，对于管网设计，让学生学会使用当前比较流行的软件进行设计。这样，除了可以大大提高设计速度，还可以让学生更好地适应以后的设计工作。

（5）改变多人做同一题的做法

进行课程设计，当然是希望每个学生采用不同的题目。目前学生进行课程设计，由于种种原因，多是采用多人同做一题，这样就难以避免抄袭现象。为了改变这种情况，作为指导教师要尽可能多布置不同的设计题目。为此，可以教研室为单位，设立专业图库，图库收集不同地区的地形图，经过一段时间的积累，图库就比较丰富，基本可以满足要求。但目前学生数量多，做到一人一题可能性很小。这时，可以布置相对较为复杂的设计题目，让几个学生共同完成，每人承担各不相同的任务。通过这样的方法就解决上述问题。这样既可以避免抄袭现象，让学生各自独立完成设计题目，还可以在设计中锻炼学生的协作能力，让学生学会如何共同完成一项工作，对学生今后的工作有很大好处。

21.3 改革实施的可行性

上述几点设想已经应用于“给水排水管网”课程设计中，聘请了多位设计院的设计人员与指导教师一起辅导课程设计，并且将设计题目提前布置给学生，让学生按照课程教学进度来分阶段进行课程设计。这样，学生就有充足的时间进行方案选择、管线布置等工作，由于有充足的时间，学生就可以做出多个方案进行方案比较，从中选出最优方案，使设计更贴近实际。如前面提到的，以往“给水排水管网”课程设计中，学生管网布置以及管径确定不是特别合理，造成进行校核时，往往不合适，很难满足要求，必须重做，但是由于时间仓促，这项工作很难进行。现在，随着课程设计时间拉长，学生就有充足时间反复进行调整，使设计成果更加合理、实际。让学生通过课程设计充分体会到进行工程设计所必需的艰辛和细致。

21.4 结　　语

当前，对课程设计进行改革是迫在眉睫的事情。如何提高课程设计的效果是非常重要的问题，提高课程设计效果是对巩固课程教学效果的有力促进；提高课程设计效果是对学生实际设计能力提高的有力保障。上述的改革思路确实在课程设计中带来一些效果，但目前课程设计效果仍然不是特别令人满意，对此，需要进一步进行尝试，找到更加切实可行的方法。

22 水处理综合创新实验平台的建设及教学实践探索

陆谢娟 解清杰 任拥政 付四立 章北平
（华中科技大学 环境科学与工程学院，湖北 武汉，430074）

【摘要】 针对综合性研究型人才培养目标，必须建设具有设计性、综合性和创新性的教学实验平台，使学生自主开展实验研究，培养学生的实践能力和创新能力。本文详细介绍了水处理综合创新实验平台的内容和特点，并结合实验教学改革探索了水处理综合创新实验的开展，教学实践取得了良好效果。

【关键词】 水处理；综合创新实验平台；教学实践

22.1 引 言

针对国家教育部提出的“深化教育改革，全面推进素质教育，重视大学生创新能力和实践能力的培养”的教育精神，以及“抓紧建立更新教学内容的机制，加强课程的综合性和实践性，重视实验教学，培养学生的实际操作能力”的教学改革指导思想[1,2,3]，我校给排水科学与工程专业在几年内多次进行“水质工程学”课程的实验教学改革。通过学校985一期和二期的建设，至今已基本形成了一个突出实践和创新能力培养的、服务于给水排水及相关学科的水处理综合创新实验平台。

“水质工程学”是给水排水专业的一门主干课程，在给水排水专业课程教学中占有重要地位，而水处理工艺实验是这门课程的一个必不可少的教学环节。许多水处理方法、处理设备的设计参数和操作运行方式的确定，都需要通过实验解决。因此水处理实验是“水质工程学”课程的重要组成部分，是培养给水排水专业本科生解决水和污水处理中各种问题的能力的一个重要手段。

“水质工程学”课程原有实验主要是对单个处理工艺的某些设计参数进行测定及验证，如混凝最佳投药量测定实验、自由沉淀实验、鼓风曝气清水充氧实验及生物转盘实验等。所有实验缺乏综合性和设计性，已跟不上专业教学方式的发展和教学思想的革新。通过水处理工艺创新实验平台的建设，加深了学生对水质工程学原理及各种水处理设计理论、设计方法的系统性、整体性理解，并能更好地应用到科学研究领域及工程设计与实践中去，同时由于给水排水专业课程内容的更新速度加快，不断出现新工艺和新设备，通过实验平台的建设开拓了学生视野，启发创造性思维，激发专业学习热情，建立师生之间的双向互动交流，改善了教学效果，充分展示教师在教学过程中的主导性和学生的主体性。

22.2 水处理综合创新实验平台的建设

水处理综合创新实验平台的建设内容主要为三大方面，即：1）水处理实验装置建设，包括污水处理、给水处理实验装置；2）自动化建设，包括各处理工艺的在线监测和控制系统；3）水质分析检测仪器购置。

22.2.1 水处理实验装置建设

（1）污水处理实验装置建设

污水处理实验装置分为三个部分，即强化一级处理、二级生物处理和生态处理实验装置。说明如下：

1）强化一级处理实验装置

强化一级处理前端设置了12m^{3}的污水调节池。

强化一级处理采用化学强化。设置了管式絮凝器和混凝投药装置（包括溶药箱、隔膜变频计量泵自动投药装置）。

2）二级生物处理实验装置

二级生物处理装置为以下几种形式：

A. 氧化沟：采用Carrousel Denit IR A^2/O氧化沟，设置机械表面曝气机和水下推进器。

B. CIBR：CIBR 生物反应器是我校章北平教授在国家“十五”863“城市污水/生态处理技术与示范”课题中的研究成果，已申报国家发明专利。CIBR 工艺是基于传统 SBR 工艺及一体化氧化沟（IOD）工艺特点，并引入 UASB 三相分离器概念，开发出来的一体化连续流同步脱氮除磷反应器，该反应器不但可以在恒水位条件下实现连续进出水，还可以实现污泥自回流，节省污泥回流能耗，并在单池内实现同步脱氮除磷。

C. UASB：采用上流式厌氧污泥床，设置配水系统、三相分离器、集气罩、回流水泵和沼气净化系统。

3）生态处理系统

采用部分充氧波形潜流人工湿地（简称 AW-SFCW），AW-SFCW 也是由章北平教授课题组自行研发的污水处理装置，波形湿地可以改变湿地中水力流态，充氧可以提高湿地内溶解氧的含量，保证出水有机物和氨氮的稳定去除率。

以上所有实验装置采用有机玻璃制造，处理水量为 $1m^3/d$，各工艺单元均采用电磁阀和 PLC 控制柜来实现电脑自动控制运行，同时可以手动运行和人工设置。整个污水处理系统设置了进、出水的 DO—pH—ORP 在线检测装置。污水处理系统图见图 1。

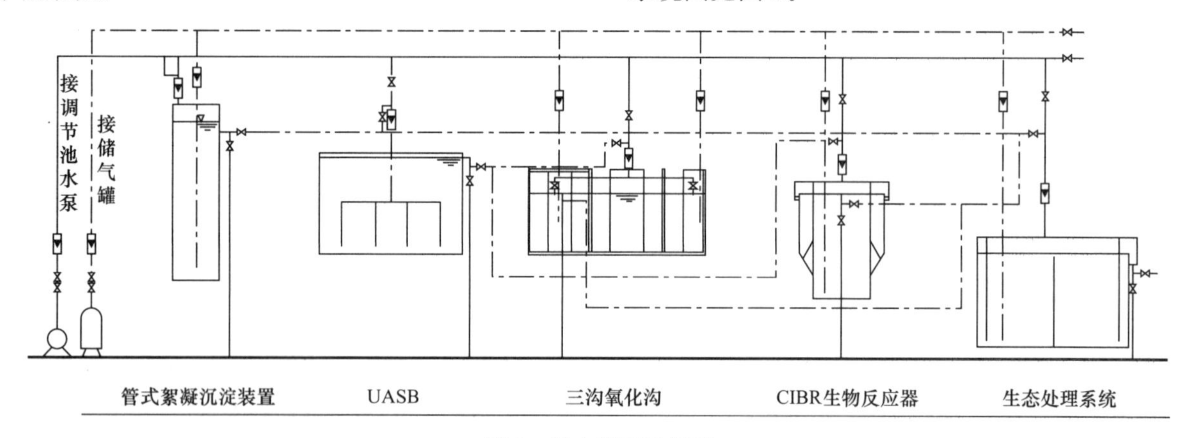

图 1　污水处理系统图

（2）给水处理实验装置建设

给水处理实验装置为两个部分，常规处理工艺和深度处理工艺，说明如下：

1）常规处理工艺

A. 水源水箱 2 个，并设置 2 台小型清水泵。

B. 混凝工艺：采用涡流絮凝池和折板絮凝池，设置了溶药箱、隔膜变频计量泵自动投药装置。

C. 沉淀工艺：采用斜管沉淀池和平流式浮沉池，设置了鼓风机和溶气装置。

D. 过滤工艺：采用翻板滤池，设置了超声波液位计、电动阀、鼓风机和反冲洗水泵等装置。

2）深度处理工艺

采用粒状活性炭过滤柱，利用活性炭吸附去除水中有机物及色、嗅、味等。

以上所有实验装置采用有机玻璃制造，处理水量为 $12m^3/d$，各工艺单元均采用电磁阀和 PLC 控制柜来实现电脑自动控制运行，也可以手动运行，给水处理系统图见图 2。

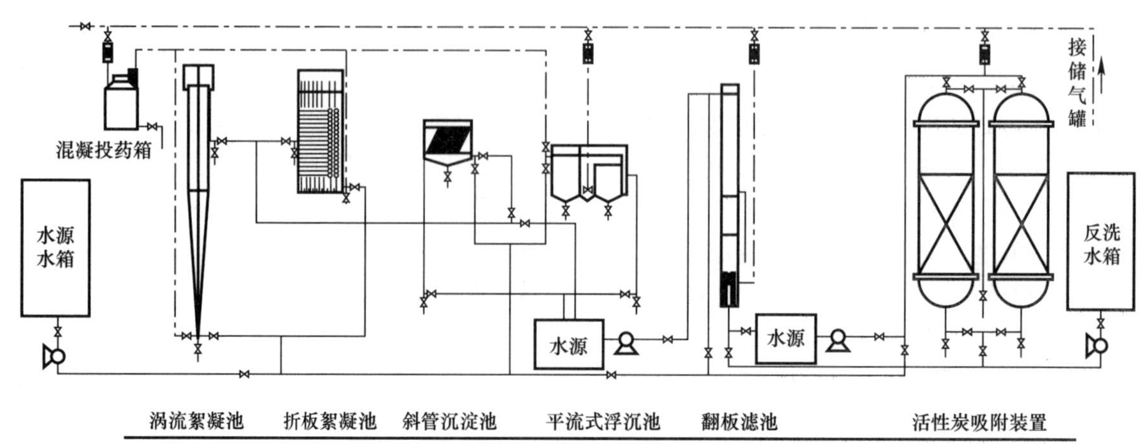

图 2　给水处理系统图

22.2.2 自动化系统建设

自动化建设的主要内容包括：水质相关自动检测装置；现场自动控制系统；工控机系统；自动编程控制系统等。

通过自动化建设，基本上可实现每个水处理单元装置的自动运行操作及整个污水处理系统或给水处理系统的自动运行操作。同时可自动在线检测污水处理系统的DO、pH和ORP。通过实验可以使学生初步掌握水处理工程中的自动化控制和监测相关内容。

22.2.3 水质分析检测仪器的购置

在水处理综合创新实验平台建设过程中，考虑到原有部分水质分析检测仪器台数较少或没有，购置了三四十万元的水质分析检测仪器，主要有粒度分析仪、悬浮固体测定仪、BOD快速测定仪、COD分析仪、COD速测仪、NH_4-N测定仪、DO测定仪、恒温振荡器、电子分析天平、在线检测ORP/LDO/pH仪等，大大改善了实验条件。

22.2.4 水处理综合创新实验平台的特点

水处理综合创新实验平台建设以后，结合水质工程学教学实验，学生在实验室可自主设计实验方案，进行综合性、设计性和创新性实验，主要表现在以下几个方面：

(1) 学生将以上不同工艺自行设计组合，至少产生16种不同工艺流程；

(2) 在进行工艺组合的同时，学生可结合原有混凝搅拌实验确定原水的最佳投药量，结合原有滤料筛分实验确定滤池的滤料级配；

(3) 在工艺组合基础上进行各工艺单元的工艺参数改良；

(4) 学生可自己进行工艺设计，利用实验室提供的材料创新制作水处理工艺模型；

(5) 有特殊兴趣的学生可利用实验室提供的水处理工艺创新实验平台项目开发水处理仿真软件。

综上所述，在水处理综合创新实验平台中，可独立或单元组合或系统集成以形成预处理、二级处理、回用处理的污水处理工艺，以及常规处理、深度处理的给水处理工艺，从而获得不同水质的出水；可自制相关水处理新工艺单元与系统中原有单元组合新型的水处理工艺，适应不断变化的城市污水、工业污水水质，使处理单元与水处理技术进步有效衔接。

22.3 水处理综合创新实验教学实践探索

22.3.1 综合创新性实验的特点和内涵

教育部颁发的高等学校教学工作水平评估方案把综合性实验解释为“实验内容涉及本课程的综合知识或与本课程相关课程知识的实验”。根据这个定义，综合性实验是实验内容的综合。在工科专业中，综合性实验不应局限于实验内容的综合，还应包括实验内容、实验方法、实验手段的综合[4]。笔者认为，综合创新实验是运用学生与教师合作的“双主”方式，在“教”与“学”中找到最佳的结合点，充分发挥学生的主观能动性，使学习成为一种积极、主动的探索过程。学生在导师指导下，自主开展实验研究，处于主动探索的状态，养成独立思考和积极进取的科学精神，以实现培养学生的创新意识、观察能力、动手能力、分析问题和解决问题的能力，为培养富有创新精神、创新思维和实践能力的跨世纪高素质人才服务，是验证性、演示性实验的重大改革和发展。整个教学过程，使学生经历“三个全面”的过程，即：经历一次全面的分析研究问题的过程，实验技能得到全面的锻炼、综合能力得到全面的提高。通过这些实验项目，也使学生们的动手能力增强，对书本知识的理解更加深入。

22.3.2 教学实践探索

近3年来，为了综合性、设计性和创新性实验的顺利开展，在不增加总学时的前提下，充分利用综合创新实验平台，对现有水质工程学Ⅰ、水质工程学Ⅱ、给水厂（污水厂）课程设计以及给水排水专业生产实习这几门独立的课程进行利用和整合。在教学课程安排不变的情况下，重新调整改革现有的教学模式和教学方法，优化学时安排。采取基础理论内容课堂讲授、工艺单元内容平台实践、工艺参数单元水厂检验，水厂运行参数理论校核四步走的方法，使这四门课有机地融合起来，即通过将部分课堂教学内容转移到实验平台上进行授课，增强学生的感性认识，培养学生对实验平台的兴趣，挖掘学生的设计创新能力，在实验课以及课外完成综合性实验的设计和创新；通过工艺流程的相关设计实验验证部分水处理构筑物工艺设计参数，为课程设计提供合理的设计参数；通过多单元的自由组合创新实验，使学生在一个平台上完成多门课程的学习。

在实验教学中，2002级、2003级给水排水专业学生的综合性实验的内容为“SCD—FCD—NTU连续在线监测控制实验”，通过实验，学生对给水处理工艺中常用的在线监测仪表与控制设备有了比较全面的了解，通过对SCD反馈控制和FCD反馈控制自动投药系统的自动化运行状况的观察和实验操作，增强了学生的实际动手能力，加深了对所学混凝、沉淀理论和混凝自动控制等内容的理解。为了进一步增加设计性、创新性实验教学内容，使水处理综合创新实验平台得到充分利用，对2004级给水排水专业学生的综合设计性实验内容进行了较大的调整，结合理论教学的同时，在实验平台上进行多媒体教学和现场教学详细介绍每一种实验装置的工作原理、构造、功能以及可能开展的设计性实验，然后以6～7人为一个小组设计实验方案，要求每个班的每个小组的实验方案都不相同；递交实验方案并经过指导教师修改同意以后，就可以和实验室老师商量安排实验时间。具体实验方案有：1）气浮池综合实验；2）气浮池—翻板滤池综合实验；3）涡流絮凝池—斜管沉淀池综合实验；4）折板絮凝池—翻板滤池综合实验；5）折板絮凝池—活性炭吸附综合实验；6）SCD—FCD—NTU连续在线监测控制实验；7）CIBR生物反应器在线控制综合实验等。学生们在实验的过程中充分发挥自己的主观能动性，从实验水源的选取、实验方法的设计、实验药品的配置到实验设备的使用都全部独立完成，教师起指导作用并提供实验所需仪器和药品。实验结束后，学生仍然具有很强的自主性，积极应用所学到的数学知识进行实验数据的处理，提交了高质量的实验报告。

22.4 结　　语

通过水处理综合创新实验平台的建设以及综合设计性实验的开展，可以改变传统实验过于强调熟悉某个设备、观察某些现象、验证某个定理的现象，倡导学生热爱思考、主动参与、乐于探索、勤于动手，激发学生的专业学习热情，启发创造性思维，培养学生发现问题、分析问题和解决问题的科学素质以及交流与协作的能力。教学实践表明实验效果良好。

参考文献

[1] 李耀刚，王宏志，吴文华等. 本科大型实验教学的实践与探索 [J]. 实验室研究与探索，2006，25 (2)：208-209.

[2] 仇润鹤，方建安，唐明浩等. 建立综合实验平台培养学生创新能力 [J]. 实验室研究与探索，2006，25 (2)：141-144.

[3] 方燕红，龚光彩，杨朝辉等. 本科实验教学的改革与实践 [J]. 高等理科教育，2004，(2)：105-106.

[4] 张可方. 水处理技术的综合性设计性实验 [J]. 实验室研究与探索，2006，25 (8)：966-968.

23　新形势下给排水科学与工程专业实验平台的开发

李冬梅　李志生　梅　胜　阮彩群
（广东工业大学　建设学院，广东 广州，510006）

【摘要】 专业实验平台是培养工程人才的主要硬件之一，为适应本科教学评估的需要，广东工业大学建设学院开发了面向新形势的专业实验平台。本文围绕这个实验平台的开发过程，介绍了给排水科学与工程专业实验平台的开发思路和原则，阐述了该实验平台的内容与发展方向，以及配套教材、大纲、实验指导书及实验考核方面的建设情况。

【关键词】 新形势；给排水科学与工程；专业实验平台；开发

实验教学是高等教育教学过程中实践性教学的一个重要环节，对于培养学生的创新能力、实践能力和创业精神有着不可替代的作用。如何加强专业实验平台建设，从而促进高校实验教学已成为高等学校面临的一个重要课题[1]。众所周知，实验教学仪器和设备、图书文献与师资力量被并称高等学校办学的三大支柱[2]。教育部规定的《普通高等学校基本办学条件指标（试行）》对基本办学条件，包括生师比、具有研究生学位教师占专任教师的比例、生均教学行政用房、生均教学科研仪器设备值、生均图书等作出了明确规定[3]。对理工科专业来说，培养的是面向应用层面的具有实践能力和创新精神的专门人才，实验环节的教学更是不可忽视，而建设专业实验平台则是完成实验教学、实现创新人才培养目标的主要硬件之一。专业实验平台不仅是高校培养高素质人才的实践基地，也是学科建设、科研活动的坚实基础，是学校整体建设和发展的重要环节，建设一流的专业实验平台是建设一流高校不可分割的一部分[4]。

为促进各大学不断提高本科教学质量，拓展各高校的发展空间，教育部在本科教学评估中把实验室建设作为重要的评价指标和观测点。目前，为满足本科教学评估需要，各高校根据各自的特色和定位，普遍加大了实验室的建设力度。广东工业大学建设学院是以土木类专业为特色的学院，2005 年整体搬进大学城办学和 2007 年的本科教学评估，为建设学院的发展提供了新的机遇。面对新的形势，学院积极整合各实验室的资源，同时，也加大了实验教学和实验室的建设力度，重新规划了系列专业实验平台。经过近 2 年的改革和建设，取得了一定的效果和成绩。

23.1　给排水科学与工程专业面临的新形势

给排水科学与工程是隶属于土木工程一级学科的二级学科。自从 2006 年本专业教学指导委员会建议各个学校逐步把专业名称从“给水排水工程”改为“给排水科学与工程”以来，这个专业的外延与内涵发生了大的变化。将给水与排水真正地合二为一，专业范围从以前的给水排水工程扩展到给水排水科学与给水排水工程。给排水科学与工程专业以工程流体力学、给水工程、排水工程、建筑给水排水工程为基础，解决建筑中的给水排水与消防问题、解决城市管网规划、生态水环境与水处理以及绿色建筑等问题。因此，随着社会、经济的发展和生活水平的提高，本专业学科、专业的规格（宽度和广度）发生了很大的变化。为适应社会和国民经济的发展和变化，给排水科学与工程新专业名称启用后，越来越要求扩大专业范围，越来越需要与其他相关学科、专业进行交叉和融合。在实验教学上，迫切需要建设新的实验平台，以加强实验教学的力度。

另外，从广东工业大学建设学院来说，搬进大学城办学有了更好的硬件条件，实验室面积成倍增大。为适应教育部本科教学的评估要求，实验室建设已成为本学科建设的重中之重。

23.2 原有专业实验平台的现状与不足

由于历史的原因，给排水科学与工程的专业实验平台基础非常薄弱，严重制约本专业学科的发展，也影响了人才培养目标的实现。原有的专业实验平台存在的主要问题是：

（1）专业实验平台不健全

给排水科学与工程是一个面向应用的工程类专业，由给排水科学与工程专业发展而来。现在的专业跟以前相比，专业范围拓宽了，相应的课程也增加了。如给排水科学与工程专业的理论课，增加了城市水务管理、城市水系统运营管理与维护、水资源利用、建筑水工程等方面的内容，而我校目前的实验课程还没有在教学计划上充分反映出来。另外，以前的专业实验教学平台没有进行统一的规划，缺少实验大纲与实验指导书，如果在理论教学中需要开展实验教学，则由任课教师临时编写实验指导书。实验结束后，实验课程的考核也没有统一的标准，造成了专业实验平台不健全。

（2）专业实验平台不协调

原有的各类实验室条块分割、资源分散、功能单一、设备重复购置、各自为政。由于没有统一的规划，专业实验平台不协调。即实验教学与理论教学不协调，对哪些课程需要进行实验教学，哪门课程需要开展哪几个实验，如何扩展实验教学的效果，每个实验如何进行定位，是综合性实验还是设计性实验等问题，显得非常混乱。而且，这个实验平台没有考虑到本专业的特点，没有反映学科发展的最新变化。对综合性、设计性实验的课程范围、实验的开设条件、内容要求和完成标准没有明确的要求。

（3）实验设备缺少

由于历史的原因，本专业实验平台建设投入少，实验设备缺。加之各学院之间实验设备的共享性不强，实验室开放力度不够。因此，专业实验平台已成为影响人才培养质量和制约学科发展的主要障碍之一，严重时甚至无法开展正常的实验教学需要，更加谈不上对学生进行创新思维与实践能力的培养。

23.3 专业实验平台开发的目标、原则

高校专业实验平台应该是实验、教学、科研与产业四结合的统一体，只有促进学科、教学与科研的集成建设与共享，才有可能建设成为高水平的实验平台。给排水科学与工程专业实验平台的开发原则，是以实现实验资源共享为基础，以满足学生综合素质教育和实践教学为主线，以培养具有实践能力和创新能力的人才为核心，以构建实验教学体系和改革实验教学内容、方法、手段为重点，从而提高本科教学质量和整体办学效益。给排水科学与工程专业实验平台开发的目标是以人才培养为核心，以满足本科教学为前提，为进行给排水科学与工程本科教学评估和专业评估提供依据和支持，同时，也兼顾学科发展和科研的需要。这个专业平台开发分两期完成，第一期首先保证每门课程能开展一个综合性实验，第二期则要求能实现专业主干课程综合性、设计性实验的开设比例达到 100%，其他课程应达到学校的要求，并且这个比例不低于 85%。专业实验平台开发过程已充分考虑到能发挥学生的主观能动性，引导学生创新性思维，体现科学精神。为此，从专业实验平台的规划开始，就较少考虑演示性的实验，大量地探索和开发设计性、综合性、研究性实验；并且同步编著了专业实验平台教学大纲、实验指导书、实验报告、实验考核要求等，要求做到配套齐全才能验收合格。

23.4 专业实验平台的开发过程、内容与方向

广东工业大学以学校整体搬入大学城和本科教学评估为契机，确定了以打造强势本科为特征的“做大做强”战略，学校决定加大对实验教学的投入和扶持，给排水科学与工程专业实验平台就是在这个背景下进行开发的。为开发有地方特色和鲜明专业特点的专业实验平台，本专业的教师经过充分的调研和论证，按学校的统一要求制定了专业实验平台开发计划，决定以专业实验平台为基础组建相应的教学实验室，按照“规模化、平台式”的模式，以承担的课程教学任务为主，

但又打破专业实验平台“小而全”的模式，对专业课的实验进行重组和整合，以组建和开发科学的、面向未来需要的专业实验教学平台。

先由担任理论和实验课程教学的教师开会确定综合性、设计性实验项目，这些教师同时也是该实验的负责人，从立项到验收过程全程负责该门实验的开发和建设。实验课程负责人填写《综合性、设计性实验任务书》进行立项以后，配合设备处完成设备招投标、评标、结果确认。设备到位后，协助调试、验收实验设备。

该专业实验平台包括两个专业方向的实验课程模块，即城市水科学与工程实验室（主要包括：水资源的合理利用与分配管理；水的加工、生产与管理；水质处理与利用等）和建筑水科学与工程实验室（主要包括：建筑设备、消毒设备、建筑水处理器、中水处理与回用、膜处理工艺与设备等）。广东工业大学地处广东省，所有的专业设置与发展目标均以广东省的发展为目标。目前，广东省的高层建筑与高档建筑普遍，尤其注重绿色建筑、建筑排水的自然生态循环系统建设、生态环保理念，以及今后可持续发展的空间。因此，本专业实验室也引入了绿色建筑与生态环保理念进行建筑水科学方面的研究，这也是实验室日后的发展动向。成本造价相对较高的先进工艺体现了生态环保理念。在广东省，膜处理技术应用相对较普遍，在很多家庭得到应用。研究过程成本高点，但是有关社会主义新农村建设、生态工艺开发、自然生态净化工艺研究等，以及今年全国在进行绿色标识评定标准的研讨、水环境的改造利用、雨水的收集处理利用、分质排水与循序使用等理念实施，更加坚定实验室日后的发展方向。

专业实验平台按照普通实验、综合性实验、设计性实验分别进行分类和定位，要求每门课至少开出一个实验，并且每门课至少开出一个综合性实验。根据学校“迎评”要求，本专业实验平台的综合性、设计性实验占总实验课程的85%以上。为加快专业实验平台的建设进度和提高实验平台的有效性，在开发实验平台的时候，同步配套建设实验教材和实验指导书。对进入实验平台的课程，以实验课程为单位，每门实验课程编写一个统一的《实验教学大纲》，介绍相应的实验名称、内容、目的、器材、考核方式和所占的成绩等。然后，实验负责人再编写相应《实验指导书》和《实验报告》。为规范专业实验平台的开发，所有的资料和格式都是按照学校的统一要求进行。

23.5 专业实验平台的验收

为加强专业实验平台的有效性，确保所开发的实验平台能正常顺利地发挥作用，特别强调进行专业实验平台的验收。参与专业实验平台建设的负责人必须提交验收材料，且开设的综合性、设计性实验必须在至少一届学生中实施，才能进行完成验收。实验平台的验收由学校进行，应提供的验收资料有：

（1）综合性、设计性实验任务书（包括课程名称、实验项目名称、对象等）；

（2）实验教学大纲；

（3）综合性、设计性实验指导书；

（4）实验教学任务书（包括学生班级、实验时间、实验地点等）；

（5）批改过的学生实验报告；

（6）其他能够反映实验实际效果的实物和资料（包括模型、装置、照片、图片、程序等）。

所有实验报告必须有教师的批改记录，且应向学院资料室提交学生的《实验报告》和《课程实验成绩登记表》，否则不予验收。

23.6 专业实验平台建设的效果与应用

给排水科学与工程专业实验平台建设从2004年开始立项建设以来，已经取得了初步的建设规模和一定的教学效果。到本教学年度结束后，这个专业实验平台将全部建成，所开发的专业实验平台也将具有鲜明的专业特色和学科特点。开发、改造后的专业平台实验室面貌焕然一新，我们不仅更新和添加了实验设备和仪器，还改革了实践教学内容和体系，建立了教学与科研互动的开放机制。经过2002级、2003级给水排水科学与工程专业300多人的实践，专业实验平台在培养学生实践能力、创新能力中的作用日渐加强，特别是在鼓励学生开展自主实验、合作实验和研究性实验方面产生了良好的促进作用。另外，专业实验平台开发改变了以往实验教学混乱、不协调的现象，所开发的平台既与理论教学相联系和衔接，又可应用于学科发展和科研需要，甚至实现基础与前沿、教学与科研的良性互动。因此，专业实验平台对理论课程的教学内容、方法、手段改革发挥了良好的作用。

参考文献

[1] 杨朝晖，张薇，曾光明等. 改革高校实验教学，培养高素质人才 [J]，高等理科教育，2005，62 (4)：106-108.

[2] 刘慧. 浅论高校仪器设备资源共享 [J]，中国现代教育装备，2006，8：68-70.

[3] 刘瑞儒，黄荣怀，李军靠教育技术学专业本科教学质量评估指标体系的建立 [J]，电化教育研究，2005，147 (7)：13-17.

[4] 王国强，傅承新. 研究型大学创新实验教学体系的构建 [J]，高等工程教育研究，2006 (1)：125-127.

24 污水处理中水回用实践教学基地建设及应用

胡锋平 戴红玲 张玉清 王全金 童祯恭 陈 鹏
（华东交通大学，江西 南昌，330013）

【摘要】 结合华东交通大学污水水质情况及回用方式，建设了膜生物反应器处理生活污水及中水回用实践教学基地，日处理污水 200m^3，占地 135m^2，并用于给排水科学与工程、环境工程专业设计性实验、课程教学、认识实习和毕业实习等实践环节教学，取得了较好的效果，对提高实验教学质量具有积极作用和重要意义，不仅使给排水科学与工程专业和环境工程专业实验教学上一新台阶，对促进节约型和环境友好型校园建设也起着积极作用。

【关键词】 污水生物处理；中水回用；实验教学基地；膜生物反应器

24.1 引 言

华东交通大学给排水科学与工程专业是江西省首批品牌专业，并被批准为第三批国家级“特色专业建设点”，给水排水工程实验中心被评为江西省实验教学示范中心。

为保护校园孔目湖湖水水质，2007 年南昌市环保局拨出专项资金 80 万元，用于污水处理中水回用工程建设，该工程于 2008 年 10 月通过南昌市环保局验收并运行。结合给水排水工程特色专业建设，将该工程功能进行拓展，作为给排水科学与工程专业、环境工程专业实践教学基地，已应用于给排水科学与工程、环境工程 2005 级、2006 级本科生的教学实践、科研创新教学实践取得了一定的成绩。

24.2 污水处理中水回用实践教学基地建设的意义

污水处理及中水回用工程作为给排水科学与工程、环境工程专业的实践教学基地，对提高实践教学质量具有积极作用和重要意义。

24.2.1 加强“水污染控制工程”、“水质工程学”等课程教学的理论联系实际

“水质工程学”、“水污染控制工程”讲授过程中，可在此基地进行现场教学，在以往的教学中，学生对污水生物处理的基本知识缺乏感性认识，甚至该课程学完后，尚没见过污水生物处理设备和构筑物，更谈不上了解污水生物处理工艺的运行。

24.2.2 加强污水生物处理实验的教学工作

由于污水生物处理实验中污水用量大，取用困难，实验周期长，高校中给排水科学与工程专业、环境工程专业均没有开设污水生物处理实验，更没有开设污水生物处理设计研究型实验。污水处理中水回用实践教学基地建成后，学生不仅可在此实践教学基地进行污水水质分析和污水生物处理实验，而且可进行设计研究型实验，使给排水科学与工程、环境工程专业实验教学上一新台阶。

24.2.3 提高学生的动手能力和独立解决问题的能力

基地建设完成后，已作为学生的认识实习、毕业实习基地，学生可在此实习和进行开放性实验，可以动手进行操作，改变工艺运行参数，达到实习和实验的目的。运行过程中遇到的问题，学生可以结合自己所学知识，提出处理方案，基地的建设突出了“工程型、应用型人才”的培养目标，使培养的学生具有较强的解决工程问题的能力。

24.2.4 作为学生撰写毕业论文时的实验场所

进行污水生物处理方面毕业论文的学生可在

该基地进行有关毕业论文的实验研究工作，该基地为毕业论文提供实验场所。

中水回用基地除用于教学外还可处理 $200m^3/d$ 生活污水，年处理污水量 $73000m^3$，减少排放 22.5tCOD_{cr}、5.3tBOD_5、4.6tSS，不仅可节省水资源，也改善了周围水体环境条件和校园的生态环境，对促进节约型校园建设起着积极的作用。

24.3 污水处理及中水回用实践教学基地处理工艺的确定

基于我校申请的南昌市环保保护专项资金资助项目，结合我校污水水质情况及回用方式，采用膜生物反应器（MBR）为污水处理及中水回用处理工艺。工艺流程如图 1 所示：

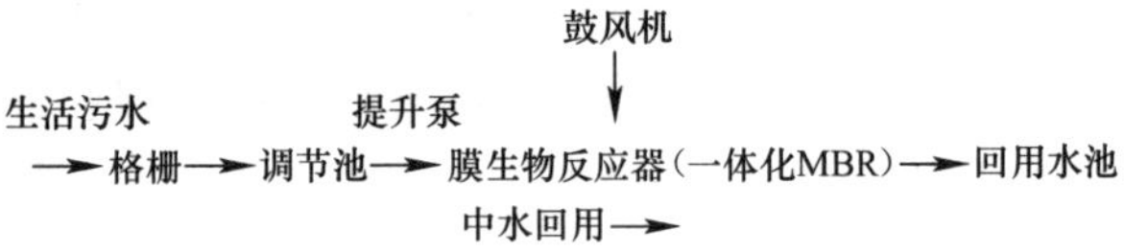

生活污水 → 格栅 → 调节池 →（提升泵）→ 膜生物反应器（一体化MBR）（鼓风机）→ 回用水池 → 中水回用

图 1 污水处理中水回用工艺流程

MBR 处理工艺与传统废水生物处理工艺相比有以下几个优点：

（1）MBR 工艺通过采用膜分离技术能高效截留污水中大部分的悬浮粒子和高分子有机物质，可使生物处理单元内的微生物量维持在较高浓度，使容积负荷大大提高，因此可以最大限度地将活性污泥截留在生物反应器内。传统活性污泥法的 MLSS 最高在 5g/L 左右，而 MBR 系统的 MLSS 最高可达到 20g/L 左右，从而可以带来比传统法更高的有机物去除率。

（2）强化生化处理效果，使处理出水水质清澈优良，达到生活杂用水质标准。

（3）传统法污泥浓度低，污泥产量高，剩余污泥的处置费用占到废水处理总成本的 50%左右。MBR 系统在低 F/M 条件下运行，污泥产率远低于传统法，从而使剩余污泥的处置费用大幅度降低，进而降低废水的整体处理成本。

（4）污泥停留时间的大幅度延长，可使硝化及亚硝化菌等世代时间较长的微生物有效地保留在生物反应器内，从而使 MBR 系统具有比传统法更好的脱氮除磷能力。

（5）膜分离的高效性使处理单元水力停留时间大大缩短，减少了生物反应器的占地面积，且因无须设置二次沉淀池，MBR 系统的占地面积较之传统法大大缩小，在一些土地使用紧张的地区建设可行性高。

以上优点适宜于在教学基地设立装配式污水处理设备。但膜生物反应器也有不足之处，主要在以下几个方面：

（1）膜造价较高，使得膜生物反应器的基建投资较高。

（2）容易出现膜污染，给管理带来不便。

随着膜制造技术的发展、膜分离工艺的完善和膜清洗方法的改进，膜生物反应器被越来越多地用于污水处理行业，在中水处理方面更具前景，其工艺简单，且操作方便，对操作人员的水平要求在高校实验室不论是对于教师，还是学生都是可以达到的，适宜我校污水处理中水回用工程。

24.4 污水处理及中水回用实践教学基地的建设与运行

24.4.1 污水处理及中水回用实践教学基地建设

污水处理及中水回用实践教学基地如图 2。处理规模为 $200m^3/d$，采用膜生物反应器工艺，主体构筑物（MBR 一体化设备）采用钢板焊制，其基本尺寸为尺寸：$\Phi 2.40m \times 7.2m$。设备规格和构筑物尺寸见表 1。

图 2 污水处理及中水回用实践教学基地

主要仪器设备和构筑物一览表　　表 1

序号	名称	规格或尺寸	数量	单位
1	调节池	12.1×2.5×2m	1	座
2	MBR 设备	Φ2.40×7.2m	2	套
3	提升泵	CP（T）50.75-50	4	台
4	污泥回流泵	CP（T）50.75-50	2	台

续表

序号	名称	规格或尺寸	数量	单位
5	自吸式水泵	PEROLEJET3/100	4	台
6	反冲洗泵	CP（T）50.75-50	4	台
7	鼓风机	RT-065	4	套
8	回用水池		1	座
9	控制柜		1	套

24.4.2 污水处理及中水回用实践教学基地的运行

污水经处理后，出水水质情况经南昌市环境监测站和南昌市卫生防疫中心现场取样，验收结果如表 2。

进、出水水质对照　　表 2

序号	水质参数	进水水质	出水水质
1	pH	6.50～6.54	6.98～7.02
2	COD_{cr} (mg/L)	324	16
3	BOD_5 (mg/L)	82	未检出
4	SS (mg/L)	76	13
5	NH_3-N (mg/L)	18	4
6	TN (mg/L)	23	13
7	TP (mg/L)	3.44	0.72

出水 COD_{cr}、BOD_5、SS、NH_3-N、TN、TP 等污染物指标完全达到并优于国家标准《污水综合排放标准》GB 8978—1996 的一级标准，满足国家环保法律法规的要求，并达到国家标准《城市污水再生利用　城市杂用水水质》GB/T 18920—2002 标准。污水处理系统占地 135m^2，吨水处理费用 0.36 元。

MBR 反应器中既有高效生物作用，又可以利用膜的物理化学特性对污染物进行有效吸附和截留，通过二者有效结合去除污水中的悬浮物、有机物和氮、磷等污染物，实现污水生物处理及常规回用工艺中的混凝、沉淀、过滤和消毒的多重功能，出水可以直接满足回用要求。

24.5 污水处理及中水回用实践教学基地应用

污水生物处理及中水回用实践教学基地在设计性实验、课程教学、认识实习和毕业实习等实践教学环节中得到应用，并取得了较好的效果。

24.5.1 设计性实验

给排水科学与工程专业 2005 级 5 位同学 2008 年底在该实践基地进行了设计性实验“中水回用与节能”的实验工作，学生根据要求自己查阅有关资料，确定实验方案，自拟实验步骤及测试方法。充分发挥学生的主观能动性，培养他们解决问题的能力和学习的兴趣，激发了学生的创造性思维，调动了学生的学习积极性。

24.5.2 课程教学实践和实习环节教学

给排水科学与工程专业 2005 级“水质工程学”和环境工程专业 05 级“水污染控制工程”课程教学过程中，主讲教师组织学生到中水回用实践教学基地进行现场参观教学；指导教师组织给排水科学与工程 2005 级、2006 级学生到该基地进行了认识实习和毕业实习，对其中 10 位同学进行了随机调查，调查结果肯定了基地对实践教学的作用。

24.6 建设展望

24.6.1 建设成为给水排水工程、环境工程专业重点开放实验教学基地

污水处理及中水回用实践教学基地可建设成为给排水科学工程、环境工程专业重点开放实验教学基地，承接本学院的开放实验科技项目，鼓励学生利用课余时间到污水处理及中水回用实践教学基地参加设计研究性实验，根据实验室的条件，学生自己进行方案设计，自己动手进行实验，提高学生的应用知识的能力和动手能力，学生在基地参加实验的成绩经考核后按奖励学分计入总学分且对于学生利用该实验室取得成绩的项目，可以申报各种评奖和参加比赛。

24.6.2 建设成为给水排水工程、环境工程专业实践教学示范基地

污水处理及中水回用实践教学基地可建设成为给排水科学与工程、环境工程专业实践教学示范基地，作为学生教学和训练的主要场所，加强对学生实验技能、探索精神、科学思维、实践能力和创新能力的培养，引导和激励学生实事求是、刻苦钻研，并在此基础上促进学生课外学术科技

活动的蓬勃开展，发现和培养一批在学术科技上有作为、有潜力的优秀人才。

24.6.3 建设成为市政工程、环境工程学科科研基地

污水处理及中水回用实践教学基地可建设成为市政工程、环境工程学科科研基地，作为教师素质提高和科研的平台、校企合作和生产服务的基地、技能鉴定的场所；水污染治理技术开发和科研成果转化基地、产学研结合和对外技术服务的示范基地。针对学科发展前沿和地区发展的重大科技问题，开展创新性研究，提升学科建设水平，培育高素质的中青年科研骨干和学科带头人，形成稳定的科研团队，促进科研工作整体水平的提高。

24.7 结　论

（1）结合华东交通大学污水水质情况及回用方式，建设了200m^3/d膜生物反应器处理生活污水及中水回用实践教学基地，并用于给水排水工程、环境工程专业设计性实验、课程教学、认识实习和毕业实习等实践环节教学，较大提高了实践教学质量。

（2）污水处理及中水回用实践教学基地运行后，不仅节约水资源，培养了学生的节水意识，同时减少了污染物的排放量，对促进节约型和环境友好型校园建设起着积极和重要作用，具有明显的环境效益、经济效益和社会效益。

（3）污水处理及中水回用实践教学基地可望建设成为给排水科学与工程、环境工程专业重点开放实验教学基地、实践教学示范基地和科研基地，为学生教学和训练提供主要场所，为教师素质提高和科研提供平台，有利于促进教学与科研的协调发展。

参考文献

[1] 张自杰．排水工程［M］．北京：中国建筑工业出版社，2003.

[2] 史洪微，单连斌．MBR在中水回用领域的工程应用研究［J］．环境保护科学，2004，30（126）：33-35.

[3] 俞小勇，陆慧琦．膜生物反应器用于高校中水回用的可行性分析［J］．宁波大学学报（理工版），2008，21（4）：564-567.

[4] 李凤亭，王亮，刘华等．膜生物反应器在水处理中的应用与新发展［J］．工业水处理，2005，25（1）：10-13.

[5] Stephenson，T.，SJudd，B. Jeffersonand K. Brindle. Membrane Bioreactors for Wastewater Treatment［J］. IWA Publishing，London，2000.

[6] 戈军，荆肇乾，吕锡武．膜生物反应器中水回用示范工程［J］．水处理技术，2007，33（4）：75-77.

25 “水处理实验技术”设计性实验教学的探讨

曹 勇 张可方

（广州大学 土木工程学院，广州，510006）

【摘要】 通过对给排水科学与工程专业“水处理实验技术”课程开设设计性实验的教学尝试，对设计性实验的选题、开展、效果等方面的做法进行了探讨。

【关键词】 设计性实验；给排水科学与工程专业；水处理实验技术

25.1 引 言

本科教学的关键是培养学生分析问题、解决问题的能力和提高学生素质；而实验教学正是实现这一目标的重要途径。在实验课中开设设计性实验更是实现这一目标的主要环节，但是由于实验教材、教学环境和实验设备等的原因，大部分实验教学项目以验证性实验为主，特别是工科专业，实验项目很少涉及工程实例或新技术的教学内容。为了适应人才培养的要求，近年来对给排水科学与工程专业的专业实验课进行改革，我们在原来“水处理实验技术”的实验教学基础上开设了设计性实验，并且对设计性实验的选题和开展方式等进行了一系列研究和实践。

“水处理实验技术”是给排水科学与工程专业的必修课，是给排水科学与工程专业水处理教学的主要内容之一，是给排水科学与工程专业高级专业技术人才必要的实践性教学环节及专业基本技能的重要基础。在进行实验教学改革之后，水处理实验技术这门实验课被评为广州大学的重点课程，并在2005年获广州大学教学成果奖特等奖和广东省的教学成果奖一等奖。这就证明了在实验教学改革过程中，对实验项目重新进行设置，开设设计性实验等教学手段得到充分的肯定。

25.2 实验项目的设置

为了更好地把专业上的新技术，新理论、新工艺传授给学生，使教学的内容更具有系统性、连续性、完整性，把给水处理、污水处理、工业给水处理、工业污水处理4门专业课程的实验内容整合成一门课程，计划学时为36学时。“水处理实验技术”课程安排实验项目共10项，其中设计性实验1项，综合性实验3项，验证性实验4项，演示性实验2项。

25.3 设计性实验的特点

设计性实验定义是在实验教学过程中由教师提出实验课题和研究项目或者要求，实验室提供条件，学生自行查阅资料推导实验原理、确定实验方案、拟订实验的程序和注意事项等；然后根据实验室给出的实验仪器做出具有一定精度的定量测试结果，写出完整的小论文形式的实验报告的实验[1]。设计性实验的特点主要体现在：实验内容的探索性，学生学习的主动性，实验方法的多样性[2]。

这与综合性实验截然不同，如本课程中的一项综合性实验“曝气充氧实验”，它只是把专业中的充氧实验和溶解氧的测定结合起来，学生只要按照教材中的操作步骤就可完成实验。而设计性实验没有详尽内容的实验教材，老师只是提出实验要求，实验室提供设备，学生根据要求自己查阅有关资料，确定实验方案，自拟实验步骤及测试方法，整个过程都要求学生自己或小组几个人共同完成，老师只是在方案确定或实验过程中对遇到的问题进行指导。实验过程中教师以启发教学为主，充分发挥学生的主观能动性，培养他们解决问题的能力和学习的兴趣，激发学生的创造性思维，调动学生的学习积极性；同时，学生在查阅相关资料的时候，能了解到本专业的先进技术或工艺及其新的发展方向。从而开发学生的知识力，培养学生分析问题、解决问题的能力；而且设计性实验教学本身是对学生实验技能和理论知识综合运用的一次磨合[3]。

25.4 设计性实验的开展

给排水科学与工程专业“水处理实验技术”在大学四年级上学期开设，设计性实验为该课程的最后一个实验。在这基础上，学生已基本掌握专业理论知识，而且学生的实验动手能力在基础实验和该课程的综合性实验中已得到训练，基本的实验操作比较熟练，并具备了一定的数据处理能力、实验操作能力。

设计性实验的选题一般可分为扩展实验内容、改进实验方法或装置[4]，以及开辟新的实验内容等几方面。实验内容必须经过精心挑选，使其具有综合性、典型性和探索性。根据我们的分析讨论，扩展实验内容比较容易进行。为此，我们从99级学生开始尝试在“水处理实验技术”中开展设计性实验，对实验开设的内容和方法进行不断的探索。99级给排水科学与工程专业学生的设计性实验的题目是“给水处理过程中的澄清实验”，在实验过程中，我们采用的是水处理构筑物模型，实验过程要求按照实际处理流程进行，实验所用水源为校附近的天然湖水，这样使实验更能跟实际结合起来。在该实验开始之前，老师已提出实验题目和要求，介绍实验分析仪器的使用以及相关参数的标准检测方法，实验过程中的注意事项；然后让每个小组查阅相关资料和设计书籍，经过讨论确定一个实验方案。学生动手开始实验，首先对水源水进行测定，获得一些基本参数如（水的浊度、pH值、温度等），然后根据基本参数确定投药量。运行实验模型，向水中投入混凝剂，模拟整个水处理过程，观察实验现象；接着对处理出水进行检测，得到一组数据。学生对实验数据和效果进行分析讨论，然后确定下一投药量，经过反复的实验分析讨论，最后确定一个对于处理这种湖水的最佳投药量。整个过程，老师只是在旁解答实验过程中学生提出的问题或提出一些实验过程中学生忽略的问题让他们回答；让学生充分发挥他们的主观能动性，运用他们所学知识完成实验。实验完毕后学生对实验进行讨论，进一步加深他们对专业理论的认识，了解实际处理的过程，同时学到国家标准检测方法；然后按照科技论文的要求写出小论文形式的实验报告，实验完成。

在实验过程中，发现由于实验设备操作有一定的难度，影响了实验的结果。2000级、2001级给水排水专业学生的设计性实验的内容为“微污染水源的混凝沉淀处理”。学生们在实验的过程中充分发挥自己的主观能动性，从实验水源的选取、实验方法的设计、实验药品的配置到实验设备的使用都全部独立完成，并注意用所学到的数学知识进行实验数据的处理，写出高质量的实验报告。根据近年来水处理技术的发展趋势，我们正在进一步积极地探索设计性实验的开设内容以完善实验教学体系，提高教师的实验教学水平，我们对实验内容进行不断的更改分别在各届学生中进行尝试，具体见表1。

设计性实验内容更新情况　　表1

年级	设计性实验题目
1999	给水处理过程中的澄清实验
2000、2001	微污染水源的混凝沉淀处理
2002、2003	珠江水的混凝处理

学生的实验成绩考核由两部分组成。一部分为学生整个的实验操作过程，此部分占60%，主要是由老师根据学生的实验方案、动手能力、结果讨论确定；另一部分为小论文形式的实验报告，此部分占40%，主要根据学生的数据处理分析，实验结果讨论和改进确定。这样既可鼓励学生多动手、多思考，调动他们的积极性，又可避免因为互相抄袭数据而得高分的情况。

25.5 开设设计性实验的效果

经过在水处理实验技术中尝试开设设计性实验，实验教学得到了一定的效果。这类实验的开展，调动了学生的学习积极性和主动性，开阔了学生思路，训练了学生认真、仔细、一丝不苟的科学态度；培养了他们独立思考问题、解决问题的能力和创新意识，使他们的动手能力、解决问题能力得到充分的发挥和提高。同时，学生学会了查阅相关的专业书籍，学会了先进专业分析仪器的使用和国家标准检测方法；在有限的学习时间内，使学生了解到近年来国内外水处理技术方面的新技术、新工艺，了解目前国内外水处理技术的发展方向和流行趋势。为他们以后学习和投入社会工作打下坚实基础。在学习了理论知识和掌握了水处理实验技术之后，99级给水排水专业学生在毕业设计阶段参加实习基地深圳水务集团公司主持的国家“863”科技攻关项目工作时，他们的动手能力、实验技能及工作态度都受到了深圳水务集团领导和员工的好评。学生还参加了多项大学生挑战杯科技作品获奖。用人单位反馈毕业生的动手能力、分析问题能力受到他们一致认同。这就进一步肯定了设计性实验在实验教学改革中的作用。

25.6 结束语

总之，设计性实验是高校实验教学改革中的一种新的实验形式。不论实验内容、方法还是要求都应不断完善、发展。但要搞好设计性实验首先要教师重视，学校要给予充分支持，无论在教学条件，实验设备都应不断改进，跟上国际发展的步伐。相信通过老师的不断努力、实践、改进、再实践，设计性实验的教学改革能在给排水科学与工程专业“水处理实验技术”的实验教学或其他工科专业的实验教学上发挥巨大作用，使学生的科学实验能力得到更好的培养和提高。

参考文献

[1] 陶淑芬. 设计性实验的教学尝试与思考 [J]. 曲靖师范学院学报，2004，(3).

[2] 张可方. 水处理技术的综合性设计性实验 [J]. 实验室研究与探索，2006，25 (8)：966-968.

[3] 柳兆洪. 设计性实验教学的探索 [J]. 集美大学学报. 1997，2 (3)：69-71.

[4] 王代芝. 有机化学设计性实验教学探讨 [J]. 湖北师范学院学报（自然科学版). 2001，21 (2)：98-100.

第4篇 其 他

26 部分高校给排水科学与工程专业教学计划的比较与分析

邓慧萍 高乃云
（同济大学 环境科学与工程学院，上海，200092）

【摘要】 同济大学对部分高校的给排水科学与工程专业的教学计划进行了调查、汇总，并在此基础上对各校的教学计划进行了分析比较，对本科生教学如何“突出特色、分类指导”等问题进行了研究和探讨。

【关键字】 给水排水；教学计划；特色；指导

26.1 前 言

收到哈尔滨工业大学、清华大学、同济大学、重庆大学、西安建筑科技大学、广州大学、山东建筑大学、河海大学、青岛理工大学、北京建筑大学、桂林理工大学、湖南大学、华中科技大学、河北工程大学、长安大学、武汉科技学院、济南大学、江西抚州东华理工大学、大庆石油学院、内蒙古农业大学、南京工业大学、华东交通大学、华侨大学、青海大学、华北理工大学、福建工程学院、江西理工大学、北京工业大学、南昌大学、长春工程学院、四川大学、兰州交通大学、扬州大学、吉林化工学院共35所高校的给排水科学与工程专业的教学计划。首先将各校的教学计划进行了详细的分析比较，在此基础上对不同类型的高校，如何在满足给排水科学与工程专业评估要求的条件下，根据各校的办学目标，办出有特色的给排水科学与工程专业，满足社会对专业人才的需求进行了探讨，对本科生教学如何“突出特色、分类指导”的问题进行研究和探讨。

26.2 教 学 计 划

26.2.1 培养目标

培养目标的定位，是制定培养方案的关键，各校在给排水科学与工程学科专业指导委员会的指导性培养计划的基础上，根据各校的办学目标和学校的定位，提出了有特色的培养目标，但基本相似，培养能适应社会发展需要，具有合理的知识结构的市政工程学科（给排水科学与工程）高级工程技术人才。

26.2.2 总学分和总学时

毕业学分要求，最低160学分，最高210学分。哈尔滨工业大学、清华大学、同济大学等著名高校毕业学分在172～188，哈尔滨工业大学188、清华大学172、同济大学175；重庆大学、西安建筑科技大学、兰州交通大学等办专业历史长的高校毕业学分要求较高，重庆大学180、西安建筑科技大学195、兰州交通大学210；一些专业办学历史较短的高校毕业学分较低，广州大学164、扬州大学173、华侨大学160。课内总学时在2500左右，各学校学分的折算方式不同，有一点的出入。实践周1周1学分，有的院校1周1.5学分。

26.2.3 课程设置

两课基本相同，法律基础、国防教育（军事

理论）体育各校要求相同，第 1～4 学期必修课，共 4 学分，方能本科毕业及获得学士学位。

外语，大多数学校设置了大学英语四学期（4，4，4，2），总学分 12～14 学分，哈尔滨工业大学（4.5，4.5，3）；清华大学，总体水平较高，在外语教学方面，实行以英语水平Ⅰ考试为目标的管理模式，本科毕业生及获得学士学位必须通过水平Ⅰ考试，并获得 4 学分；学生可选修外语系提供的不同层次的外语课程，以提高外语水平与应用能力。

基础及学科基础课程。各校数学类课程比较结果显示，课程总学分 15 左右，分为高等数学 10～11 学分和工程数学（线性代数、概率论与数理统计）4～5 学分；各校计算机类课程比较结果基本相同，课程基本分为基础、语言设计和拓展类，总学分 6～8；化学类课程也基本相同，占 9～10 学分，设置了普通化学（无机、有机）、物理化学、水分析化学，另有相应的实验课；各校大学物理占 5～10 学分，实验 2～3 学分；各校生物类课程 2～3 学分，设置了水（环境）生物（微生物）学，清华大学设置了生物化学原理，现代生物学导论，分子生物学；各校其他类基础课程基本类似，8～10 学分，个别院校设置了“文献检索”；各校力学类课程为 7.5～15 学分，总体来说各校力学类课程量并没有减少，工程特色并没有减弱。

从上述 35 所院校的专业课程设置可以看到，各校的课程设置总体遵循高等学校给排水科学与工程学科专业指导委员会（以下简称“专指委”）的指导性培养方案。但在具体的课程设置和学时安排上又结合各自的培养目标和社会对人才知识结构的需求，设置了一些特色课程。

26.3 特色列举

有些学校的课程设置具有比较明显的特色，我们将其归纳如下，因为我们只能从课程设置和学分分布上来分析，可能对各校的培养计划的实质和宗旨并没有深刻领会，如有不妥之处，请各校补充。

哈尔滨工业大学：基础课程中，数学和物理的学分要求高于其他院校；课程设置和实践环节设置全面；第八学期开设 9 门专业任选课，要求学生选 3 门：水处理新技术、固体废物处理、高层建筑给水排水、水厂设计、特种水处理技术、水处理设备安装、环保概论、仪器分析、给水排水工程监理。

清华大学：由于生源的质量高，在外语和计算机类课程的学分要求明显低于其他院校。专业课程根据研究生“环境科学与工程”一级学科的 4 个学科方向：“水污染控制理论与技术”、“大气污染控制理论与技术”、“固体废弃物污染控制与资源化”、“环境规划与管理”和市政工程的一个二级学科（给水与排水）设置。学生所修专业课程应至少覆盖 2 个（含 2 个）以上的专业或学科方向。设计类课程较其他院校少。

同济大学：一年半学院平台课程后，分专业进行专业基础和特色课程学习。

湖南大学：列出了课外培养计划，根据学生的特长和兴趣，分了 2 大块：本专业基础研究型人才，本专业技术应用型人才；并分别列出了研究（应用）方向、主要课程与科研环节要求；同时提出了要求和说明，为不同层次和要求的学生提供了学习条件。

广州大学：课程设置中包含了 3 个模块的专业选修课：A 模块（水文地质与工程地质、水厂设计、水质工程学Ⅲ）；B 模块（城市规划原理、建筑电气、建筑消防、通风空调概论）；C 模块（大气污染控制、噪声污染控制工程、固体废物处理、环节监测与评价），学生必须任选一个模块的课程。

还有不少学校也根据自身的办学思想和办学目标，制定了有特色的培养计划，在此不一一列举。

26.4 分类指导的设想

通过对各校培养计划的对比和分析，我们可以看到，虽然各校在专指委指导性培养方案的框架下制定各校的培养计划，但实际上各校还是根据各自的办学思想和培养目标、学生的就业去向等条件，在课程设置及学时分配上体现了自己的专业特色。

不同类型的学校、学生的出口是有所不同的，一般本科生的出口可以划分为：继续深造攻读硕士研究生、出国、就业（事业单位、设计单位、企业、公司、施工单位等等）。不同去向的学生希望在掌握本专业的基本知识外，在某一方面得到知识的强化训练。如继续深造或出国的学生，希望在外语和学科基础、学科专业基础方面有较深的功底；去设计单位工作的学生，希望在工程概念、规范、制图能力等方面有所强化，不同类型设计单位对学生知识点的要求还有不同；去施工单位就业的学生，对给水排水工程的施工方法及管理等方面的要求比较高。

当然本科教育是宽口径培养，培养的学生应达到本专业的基本要求，同时各校的教学计划和课程设置应达到专业评估的要求。在高年级，各校可根据专业特色或专业方向适当设置专业基础课及专业课的教学模块，拓宽选修课的空间，使得培养方案及教学计划的实施能够满足培养目标的要求。

26.4.1 专指委分类指导的原则意见

(1) 专指委从咨询的角度，对各种类型学校办专业的过程进行分类指导，根据专指委对给排水科学与工程专业教学的基本要求及学校类型与专业办学传统，进一步明确给排水科学与工程专业的内涵及相应的培养目标，据此各校根据本校专业特色进行教学计划的制定与实施。

(2) 在教学计划的设置上应突出工程特色和办专业的基本要求，提倡设置公共性课程平台，充分体现给排水科学与工程专业的特点；各校根据专业特色或专业方向适当设置专业基础课及专业课的教学模块，拓宽选修课的空间，使得培养方案及教学计划的实施能够满足培养目标的要求。

(3) 专指委鼓励各类型学校在教学计划实施过程中，凝练出专业特点、总结办学经验，形成完整、科学、系统的给排水科学与工程专业的教学体系，并通过有计划的交流以及专指委的分类指导，使之不断完善。

(4) 专指委应明确分类指导的内涵及意义，针对各类型学校的专业特色，起到咨询、指导作用，各类型学校既要兼顾特色，又要根据给排水科学与工程专业评估的要求，将教学计划的实施与专业评估体系对接，促进给排水科学与工程专业的建设与发展。

26.4.2 分类指导的建议

(1) 各校根据自身的定位和办学目标，可以将本科人才培养的类型分为研究型人才和工程应用型人才两大类。工程应用型人才又可根据学生不同的就业领域分为设计型和施工管理型等等。学校定位为“综合性、研究型”大学的，其人才培养应主要集中在继续深造的研究型和设计应用型；当然在每一所高校中都会有不同类型人才培养的要求，区别可能在于不同类型人才的比例不同而已。因此，各校应根据学校的定位和办学目标，在教学计划的培养目标中体现自己的特色。

(2) 本科教育应遵循“宽口径培养”，“加强通识教育”的原则，在满足给排水科学与工程专业本科生培养的平台要求的前提下，各院校根据办学的特色和社会对人才的需求，在高年级设置不同类型的课程模块，供不同需求的学生选择，以满足分类指导的需求。

(3) 不同类型人才培养可以在课程结构和相对比例方面作适当调整。研究型人才培养：在公共基础课、专业基础课所占的比例可适当增加，如，化学类课程、生物学类课程、计算机应用类课程等，力学类课程可适当减少些。在实践类课程（不包括实验课）方面的要求可适当降低，如，金工实习、生产实习等，某些课程设计也可适当减少。工程应用型人才的培养：适当减少理论教学，增加实践类环节的学时。如适当减少化学类（物理化学、分析化学）课程等、加强工程师技能训练，或施工及工程管理方面课程和实践环节。

26.4.3 分类指导课程设置的设想

(1) 给排水科学与工程专业必须开设的课程——公共平台课程

公共基础课：人文社会科学类课程（略）；自然科学类课程：高等数学、普通化学、大学物理、信息科学；其他公共课程：计算机程序设计。

专业基础课：画法几何与工程制图、工程力学、测量学、水分析化学、水力学（流体力学或流体力学与机械）、水处理生物学、电工电子学基础、水文学与水文地质学、泵与泵站、水处理工艺设备基础、城市水工程仪表与控制、土建工程基础、水工程经济、城市水工程计算机应用、CAD基础、专业外语。

专业课：城市水工程概论、水资源利用与保护、水质工程学、给水排水管道工程、建筑给水排水工程、水工艺与工程新技术、环境保护与可持续发展、环境监测与评价。

实践类环节（实验类）：结合所选课程相应的实验课；实习类：认识实习、测量实习、毕业实习；课程设计类：给水管网课程设计、排水管网课程设计、给水厂课程设计、污水处理厂课程设计、建筑给水排水课程设计、毕业设计。

（2）研究型人才培养课程模块

有机化学、分析化学、物理化学、工程数学（线性代数、概率论与数理统计）、河流动力学、水质模型、城市垃圾处理与处置。

（3）工程设计型人才培养课程模块

建筑电气、建筑暖通空调、城市规划原理、农业用水工程、消防工程、泵站设计。

（4）施工管理型人才培养课程模块

建设项目管理、水工程施工、城市水系统运营管理与维护、生产实习、金工实习、施工实习。

上述课程以给排水科学与工程学科专业指导委员会“给排水科学与工程专业本科培养计划”中的课程为基础，如不同模块需增加课程也可以考虑。

27　面对当前形势，加强工程技术经济教学——给排水科学与工程专业"水工程经济"课程改革实践

张　勤

（重庆大学　城市建设与环境工程学院水科学与工程系，重庆，400045）

【摘要】 针对我国水工程建设项目面临的形势，分析了给排水科学与工程专业学生现有的知识结构，论述了开设"水工程经济"课程的必要性和要求，以及编写出版教材的重要性，并通过对该课程的教学实践，提出了今后教学思路。

【关键词】 水工程经济；教学改革；教学实践

水是生命之源，与人类生活和社会发展息息相关。为了改变水科学与工程问题日趋严峻的现状，国家在改善人民群众生活用水水质以及水环境质量方面的建设项目日渐增多，对建设项目各阶段的管理日趋正规化、标准化和科学化，故把工程技术与经济结合起来进行最优工程方案的选择就显得尤其重要。人才的培养会面临"一专多能"的局面，给排水科学与工程专业的毕业生仅有专业知识和技能就显得捉襟见肘，面对新形势的特点还应具有一定的工程技术经济知识。

27.1　结合形势发展，新增工程经济类课程

给排水科学与工程（原给水排水工程）专业是我国较早设置的工程类专业之一，有效地保护城市水环境和合理利用水资源是该专业的基本任务。其毕业生主要从事城市给水排水、工业给水排水及建筑给水排水工程等方面的工作。延续近50年的课程安排，除在"给水排水工程施工"的课程中讲授一些工程概预算知识外，几乎不涉及经济方面的知识。随着国家改革开放的不断深入、国外投资者的不断增多，与国际接轨的呼声越来越高，工程技术人员具备一定的工程经济知识就越来越重要了。面对这一形势，我校经多次酝酿、研究，在1996级的学生班中开设"给水排水工程技术经济"课程，以后按照专业指导委员会的要求，从1999级学生班开始将该课程名称改为"水工程经济"并使用新编的《水工程经济》教材。

27.1.1　课程性质及任务

水工程经济是运用工程技术科学和工程经济科学的方法，在有限资源条件下，对多个可行方案进行评价和决策，确定最佳方案。其任务是研究以有限资金，在较好地完成工程任务的前提下，得到最大的经济效益的措施及手段。有限的资金是指在规定的时间内完成工程数量、工程质量所必需的资金。最大的经济效益是指工程建设不但应按工期保质保量地完成，而且还应保证工程项目的正常运行，以达到资金的正常回收、获得较高的利润。

因此，"水工程经济"是一门从经济学角度出发，研究水工程及水工程建设项目投资、营运和管理的经济可行性，是给排水科学与工程专业主要专业基础课程之一。其主要任务是介绍工程经济学基础、水工程项目建设及投资、工程概算、水工程经济分析与评价，以及水资源利用经济评价的基本原理、基础知识、计算和编制方法。

27.1.2　课程的基本要求

显然，水工程经济研究就是对水工程实践过程中各种技术方案的经济效益进行计算、分析和评价，以求获得最佳的技术方案，使它能有效地应用于工程实践，并获得更大的效益和利润。通过本课程的学习，要求学生掌握"水工程经济"

的基本原理、基础知识和基本分析评价方法；能进行水工程项目概算编制，水工程项目财务分析、敏感度和风险分析以及对各种投资方案的选优；了解费用—效益分析、国民经济评价的基本方法以及水资源利用的经济评价。在课程讲授中，应贯穿水工程项目的技术经济活动的全过程。包括：水工程项目建设的前期工作，各个阶段的可行性研究，工程设计方案评价，工程实施技术方案对比，项目运行管理的经济效果，给水排水水价制定与评估乃至水资源的经济管理模式等方面的经济评价、经济分析等。

本课程计划在“计算机基础”、“给水排水管道系统”、“水质工程学”、“建筑给水排水工程”、“水工程施工与项目管理”等课程之后安排。原“给水排水工程施工”等课程中涉及的经济、投资、工程概算等内容纳入本课程教学，而施工图预算及施工预算仍由“给水排水工程施工”课程讲授。建议本课程的课内教学为32～36学时，教学方式采用以讲授为主，辅以一定数量的作业练习。

27.1.3 实践环节

为了促进学生掌握“水工程经济学”方面的知识，本课程设1～2周课程设计这一实践性环节。其内容是编制一份“水工程项目”投资的概算书及/或财务评价报告。使学生通过课程设计掌握定额和指标的使用、价差的调整、工程内容分解，并确定单项费用指标；掌握工程量计算，工程费用、工程其他费用、预备费用等计算；还会利用财务辅助报表和基本报表的编制结果来分析、评价该项目的盈利能力，偿还能力和盈亏平衡分析，敏感性分析和风险分析，形成一份符合要求的概算书及/或财务分析评价报告书。

27.2 结合水工程特点，进行教材的编写

一门新课程的开设首先就必须有与之相适应的教材，“水工程经济”课程也不例外。为了讲授好该课程，专业指导委员会在全国范围内竞选编写与之适应的教材，并要求教材能够满足课程基本要求的需要，对从事水工程经济评价的人员具有一定的指导意义。

27.2.1 具有一定的工程经济学基础

课程的基础理论贯穿于整个教材以及整个教学过程中。“水工程经济”的基础理论就是工程经济学基础，因此整个教材的编写重点放在“资金的时间价值”、“投资方案比选”以及各类基本分析。围绕着水工程建设项目前期论证、分析这条线进行编排，具有连贯性、延续性，使学生有由浅到深、循序渐进的感觉。所选用的例子和语言尽可能地贴近城市水工程行业或日常生活中常见的现象。

27.2.2 具有水工程建设项目概算知识

水工程建设项目的财务分析和国民经济评价等内容都直接涉及项目总投资。要做出一个符合实际的项目总投资是相当困难的，教材就此技术问题从两方面进行编写。其一是总投资的组成保证不能漏项，特别是为计算铺底流动资金而专门编写了流动资金计算的一般方法；其二是如何应用水工程投资估算指标，如何编制投资概算。让学生对水工程项目投资有一个清醒的认识和理解。

27.2.3 具有水工程经济分析与评价

水工程经济分析具有其特殊性，它主要涉及城市基础设施，因此从国民经济评价角度一般是满足要求的。教材编写的重点就放在水工程项目的运营费用分析和企业财务评价、水价和污水处理费用预测以及水资源的评价分析。通过实例达到让学生理解的目的。

27.3 结合学生实际情况，进行教学的修正与提炼

在“水工程经济”课程的教学过程中，应结合目前学生的素质情况进行教学。由于高中毕业生对给排水科学与工程专业了解不够，加上大学的扩招，使得目前在校学生素质参差不齐。因此，在学时紧张的情况下，如何上好该课程是这次教学改革成败的关键之一。具体做法是：

27.3.1 提高学生的学习兴趣

能否学好一门课程，学生的学习兴趣及学习

积极性至关重要。

首先，让学生了解该课程在“水科学与工程”领域中所处的重要位置。如何合理分配、有效利用有限的水资源来满足人类对水的需要；如何使水工程产品以最低的成本、可靠地实现其必要的功能。作出合理决策前，应同时考虑技术与经济各方面的因素，进行水工程技术经济分析。在市场经济社会里，如果只重视产品质量，不考虑产品成本；当产品价格很高时，产品也不容易出售。降低成本、增加利润，是企业管理人员的重要任务，也是经济发展的要求。如果不懂经济，不能正确处理技术与经济关系，就不能保证企业利润的增加。

其次，在课程讲解中，深入浅出、结合日常生活的实际，结合专业课程各种工艺方案中技术与经济的关系，让学生加深印象并提高学习兴趣。比如，学生的助学贷款采用什么样的还款方式最适合。

特别重要的是注册设备工程师的基础课程考试内容就包含“工程经济”的下述内容：

（1）现金流量构成与资金等值计算：现金流量、投资、资产、固定资产折旧、成本、经营成本、销售收入、利润、工程项目投资涉及的主要税种、资金等值计算的常用公式及应用、复利系数表的用法。

（2）投资经济效果评价方法和参数：净现值、内部收益率、净年值、费用现值、费用年值、差额内部收益率、投资回收期、基准折现率、备选方案的类型、寿命相等方案与寿命不等方案的比选。

（3）不确定性分析：盈亏平衡分析、盈亏平衡点、固定成本、变动成本、单因素敏感性分析、敏感因素。

（4）投资项目的财务评价：工业投资项目可行性研究的基本内容、投资项目财务评价的目标与工作内容、盈利能力分析、资金筹措的主要方式、资金成本、债务偿还的主要方式、基础财务报表、全投资经济效果与自有资金经济效果、全投资现金流量表与自有资金现金流量表、财务效果计算、偿债能力分析、改扩建和技术改造投资项目财务评价的特点（相对新建项目）。

（5）价值工程：价值工程的概念、内容与实施步骤，功能分析。

27.3.2 加强经济学基础知识

由于工程学科类学生一般都缺乏财会、经济类的知识，因此，在该课程讲授中应重点讲授经济学的基本知识，特别强调学生的作业练习。第一章的重点应放在等值计算、投资方案评价的主要判据、投资方案的比较与选择；第二章的重点应放在项目投资费用、盈利能力分析、清偿能力分析上；第三章的重点应放在风险因素、盈亏平衡分析、敏感性分析方面；第四章的重点是国民经济评价参数、国民经济评价指标；第五章的重点在于价值工程的工作程序，方案的创造、评价及选择；第六章的重点在于建设项目投资构成、流动资金计算；第七章的重点在于投资估算指标与调整，结合课程设计学习投资估算（概算）的编制；第八章的重点在于水工程的成本计算以及收费预测；第九章结合课程设计学习水工程项目财务评价的编制；第十章的重点在于水资源的商品性、价值、效益评价及管理的经济手段。鉴于学时关系，工程经济学基础应以前三章为授课重点，其他章节可采用教师提示、学生自学的方式。

27.3.3 利用工程设计进行课程讲授

“水工程经济”是一门实践性较强的课程，教学的重点应是基础理论教学，而基本技能的培养及应用则通过课程设计来完成。因此，我们的课堂教学重点放在工程经济基础、水工程项目财务评价、水工程营运费用分析以及水资源价值及效益评价。课程设计重点是利用修改后的工程实例，让学生进行工程投资概算的部分实践及工程项目的财务评价，进行盈利性和偿还能力分析和盈亏平衡分析。

27.3.4 毕业设计中，利用技术经济分析设计方案的优劣

毕业设计是对学生 4 年来学习的综合检验，为了检验水工程经济课程效果，我们在毕业设计中一改以前对毕业设计工程（工艺）方案仅进行技术比较或部分进行投资比较的做法，要求各个毕业设计方向都必须进行设计方案的技术经济比较。要求学生完成各方案的投资估算和运行成本估算，采用静态和动态分析法进行方案的经济比选。使学生在进行技术设计时，始终保持着经济头脑，做到技术与经济的有机结合。

27.4 实践效果

27.4.1 培养正确的经济意识

通过“水工程经济”课程的学习，学生普遍认为：该课程有助于我们了解技术与经济之间的关系。如何协调它们之间的矛盾，有助于我们在今后的工作中有经济的意识和经济的头脑；有助于与国际经济接轨，适应我国现行基本建设的程序和财会制度。

27.4.2 通过课程实践，加深对水工程经济的理解

在实际工程项目咨询成果的基础上，让学生进行工程项目的经济评价。学生反映：通过课程实践，对工程项目的投资组成，总成本与经营成本的计算，收入与利润的关系，借款、资金应用与偿还能力关系，自有资金与借贷资金的关系，生产规模与盈亏平衡的关系等有了更深入的理解。

27.4.3 通过毕业设计，掌握对不同方案进行经济比较的方法

学生普遍认为：毕业设计中，对各技术方案进行技术和经济的对比，充分理解技术与经济之间的关系，在寻找技术合理、经济可行的毕业设计方案的过程中掌握了经济比较的方法，熟悉了方案对比的步骤和方法，理解了投资与运行成本间的关系以及对方案比较、选择的影响。

27.5 今后教学思路

总之，本校自1996级开设“技术经济”课程到1999级开设“水工程经济”课程以来，学生对该课程整体反映良好，特别是让学生进行了课程实践后，教学效果有明显的提高。但作为刚起步的课程仍存在着一些问题有待于探讨，以便得到进一步的改进。

27.5.1 加强对经济学方面的知识讲授

工程经济课程是以经济学和财会学为基础的。而工程学科的学生又从未涉及这方面的知识，“水工程经济”教材为此专门增加了工程经济基础篇。但学生感觉工程经济学基础的部分内容难以理解。比如，单利与复利各自的应用范围，现值、净现值、内部收益率、差额投资，内部收益率之间的关系，弥补前一年度亏损、增值税在盈利性分析中的关系等。为此，在教学中花费较多的学时反复地讲解。

27.5.2 调整课程设计

我校给1999级学生的课程设计题目是：对某污水处理厂已确定的工艺技术方案（给出静态投资），进行动态投资计算和项目财务分析（含总成本、经营成本、流动资金、用款计划、盈利性分析、偿还能力分析等），以及项目的盈亏平衡分析或项目敏感性分析。课程设计时间为1周，完成后的评价报告书大约25～40页，当学生的电子表格应用能力较差时，普遍感觉时间不够。准备在今后课程实践中加以改进，对于含水工程项目投资估算和财务分析的课程设计，增加学时到2周；或将投资估算放在教学中作为大作业进行，课程设计在此基础上作财务分析评价。

28 强化特色方向与建立课程体系——水工程施工系列课程教学改革与实践

李俊奇　王俊岭　仇付国
（北京建筑大学 环境与能源学院，北京，100044）

北京建筑大学是北京市市属高等院校，根据首都经济、社会发展对城市建设人才的要求，我校坚持“立足首都、面向全国、依托建筑业、服务城市化”的服务面向，本科教育服务于培养为城市规划、城市建设和城市管理服务的复合型、应用型高级技术人才的总体要求。给排水科学与工程专业是北京市特色（品牌）专业，所属市政工程学科是北京市重点建设学科。多年来，我校给排水科学与工程专业立足首都城市可持续发展对水资源建设及水环境保护的需要，确定的人才培养目标和定位是：培养德、智、体、美全面发展，掌握给水排水学科基本理论和知识，能从事给水排水工程规划、设计、施工、运营及管理工作，获得公用设备工程师基本训练并且具备务实精神和创新意识的应用型高级工程技术人才。重视学生可持续发展与循环经济意识的培养，努力使毕业生具有初步的科学研究和开发能力，具有解决城市水环境实际问题的基本知识和技能。

28.1 根据办学定位和指导思想设置学科方向

多年来，给排水科学与工程专业50%以上的毕业生就业于水工程施工和建筑给水排水工程方向，为适应首都建设对人才的需要，我校给排水科学与工程专业的人才培养在满足专业人才基本要求，巩固和完善城市给水排水工程教学的基础上，强化水工程施工和建筑给水排水工程方向在长期教学积累中形成的优势，逐渐形成了本科培养三大学科方向：1）水处理工程；2）建筑给水排水工程；3）水工程施工与管理，如图1所示。在培养计划中设置了与之相应的选修课程和实践

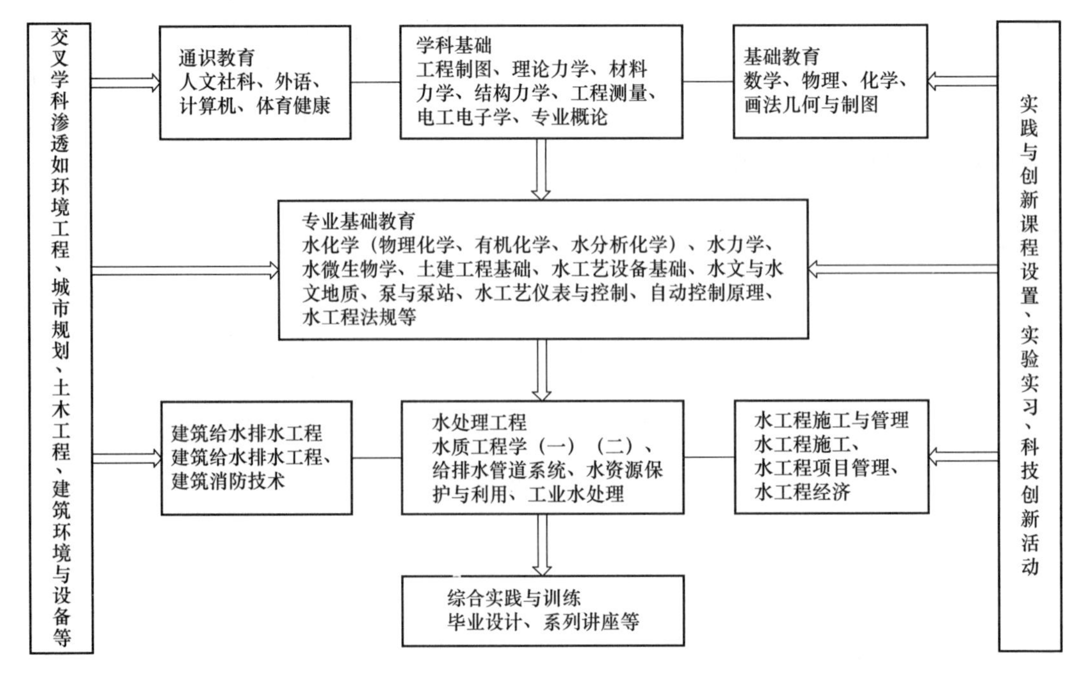

图1　给排水科学与工程专业人才培养与能力结构设计

环节，在科技活动与毕业设计中设置相应的课题，学生可根据个人兴趣、今后发展和择业要求，选修相关的课程和实践内容，进一步强化特色方向课程的理论学习和实践能力。

28.2 设置系列课程，建立实践教学体系，从教学计划上给予保证

水工程施工一直作为主干课程开设，近年来，逐渐开设了“水工程经济”和“水工程建设项目管理”课程。在注重施工技术学习的同时，还对经济和管理方面的知识进行强化。在课程学习之后，还设置了以“施工工长（建造师）”能力锻炼为主的生产实习，2004 版教学计划中还增设了水工程经济大作业。图 2 是水工程施工与管理方向课程和实践环节设置一览。

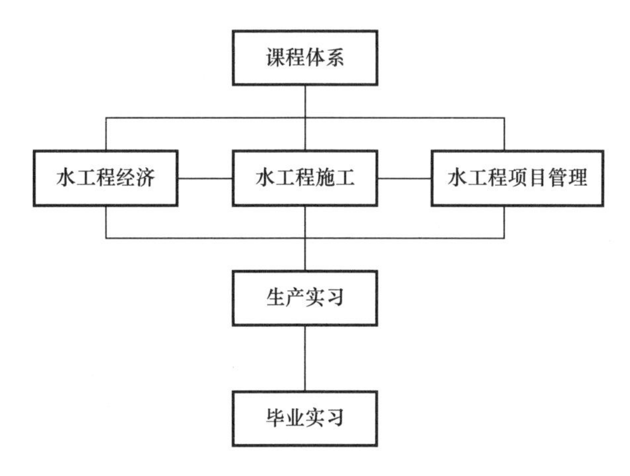

图 2　水工程施工方向课程和实践环节设置一览

28.3 加强课程建设，提高教学水平

课程建设包括教材建设、实习基地建设和教师队伍的建设等方面。

我校一直选用给排水科学与工程学科专业指导委员会推荐教材《给水排水工程施工》或《水工程施工》，并参与了编写。为了强化学生课后练习，鼓励学生自主学习，自编了《给水排水工程施工习题集》，供学生自学和练习使用。教材和习题的编写过程中搜集的大量资料也对教学内容的不断完善提供了帮助。1998 年结合地区定额改革的特点自编了《给水排水工程概预算与经济评价》，不断完善和修订并使用至今。

为保证课程教学和生产实习质量，建立了北京市市政集团公司、北京市禹通市政工程公司等实习基地。此外，还通过开展挂职锻炼等手段提高教师的工程实践能力。

教师队伍和梯队建设也是课程建设的重要内容。坚持教学与科研相结合，坚持教师实践能力的锻炼和提高对保障教学质量至关重要。给排水科学与工程专业教师在毕业设计中指导部分本科生参与科研课题的研究，学研结合、真题真做，培养学生的创新能力。

28.4 教学内容与教学手段的改革

随着新技术的不断发展，充分利用地处北京的优势，不断进行教育教学改革、研究和实践，选择跟踪北京水源九厂和高碑店污水处理厂等典型案例工程，从中提炼和总结带有规律性的知识点讲授给学生，丰富课堂内容。同时通过实物展示、幻灯等手段配合理论授课组织教学，保证教学效果。

积极参加《给水排水工程构筑物施工及验收规范》和《给水排水管道工程施工及验收规范》的编制、修订和宣贯，参与组织和编写《实用给水排水工程施工手册》，跟踪施工技术与管理前沿动态，不断更新教学内容，如近年来结合快速发展的新型管材施工、盾构法地下管道不开槽施工、快速柔性管道施工、模块式装配化施工等。

教学手段采用课堂讲授和案例教学相结合的方式进行。课堂上主要讲授水工程施工原理、施工方法作业要点、质量控制与验收程序等；对施工过程、新型管材和新技术施工等则通过参观、幻灯、实物、多媒体等手段进行案例教学。自编了大量多媒体课件，自制了部分教学模型。同时采用理论授课、多媒体辅助教学、实物展示和现场参观等多种方式组织教学，取得了良好的教学效果。

28.5 强化实践教学，注重能力培养

对课程结束后安排的生产实习，根据在建工程和学生人数的不同，分别采用集中组织或集中

与分散相结合的方式组织模式，学生以“见习工长”身份参加企业工作。除聘请企业技术人员指导实习外，每班学生配不少于2名校内教师定期到各实习现场检查指导。在实习期间，由实习负责教师选择典型工程组织全体学生现场参观和集中讲解，使学生更全面地了解给水排水施工工艺、施工技术、施工组织管理等方面的知识。通过生产实习，学生的实践能力有了较大提高。

其次，自制管道严密性试验台，使学生可以在实验室得到现场工程验收的过程训练，激发学生的学习兴趣，避免了空洞的理论说教和学生难以接受的缺陷；此外，一直坚持开设施工与管理方向毕业设计。选题一般结合北京地区在建典型给水排水工程，如北京市水源九厂施工组织设计、北京市高碑店污水处理厂施工组织设计、北京东方太阳城住区水系统施工组织设计等，采用真题环境和条件，增强学生的工程概念和成就感，保障毕业设计质量。

28.6 小　　结

根据我校的办学定位和人才培养要求，通过在课程设置、教学手段、实验、实习和毕业设计等环节上均构建了相应的模式并不断加以完善，形成了以水工程施工与管理的特色方向，并不断建设和强化，培养城市建设急需的具备务实精神、实践能力和创新意识的应用型高级工程技术人才。